手作中式點心

大師親傳的80道招牌點心

李鴻榮 著

傳統不守舊，創新不忘本

　　隨著經濟繁榮，國人生活水準也日益提升，民眾追求的飲食需結合時尚潮流才能吸引目光。因應時代氛圍，我們以堅實的基礎對麵點造型做出改良，創造出擁有獨特、話題性的點心，在點心世界中注入一股清新的風，讓博大精深的麵包文化技藝，展開世代傳承的新篇章。

以基礎的製作技術，
創造出時尚的造型麵點

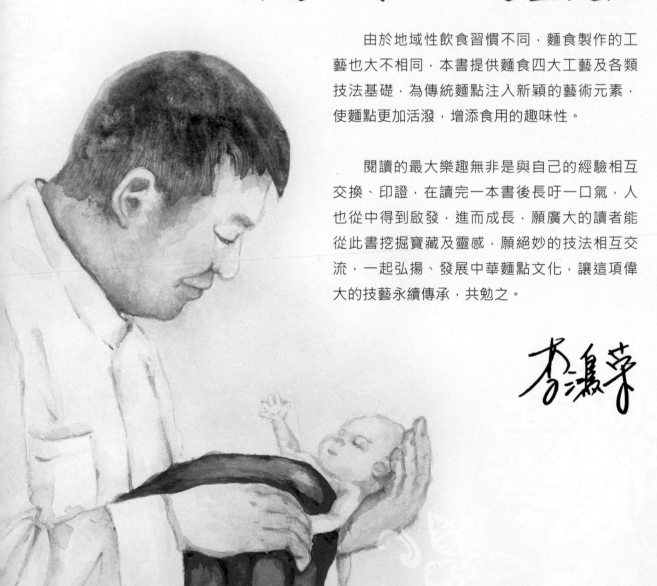

　　由於地域性飲食習慣不同，麵食製作的工藝也大不相同，本書提供麵食四大工藝及各類技法基礎，為傳統麵點注入新穎的藝術元素，使麵點更加活潑，增添食用的趣味性。

　　閱讀的最大樂趣無非是與自己的經驗相互交換、印證，在讀完一本書後長吁一口氣，人也從中得到啟發，進而成長，願廣大的讀者能從此書挖掘寶藏及靈感，願絕妙的技法相互交流，一起弘揚、發展中華麵點文化，讓這項偉大的技藝永續傳承，共勉之。

李漲榮

　　人類的舌間真是奇妙，對可口的食物，竟能一吃難忘，綿綿思念無盡期，美食當前，一入口的瞬間，神經傳導即時通傳五覺系統合併作用，立即口齒生津令人不自禁愉快起來，大吟：「好吃，真棒」。

　　這種美妙的感覺，不只眼前，還能跨越時空，連綿不絕，兒時媽媽的口味，或當在某地吃到的美食，很久很久以後，依然很容易就叫醒記憶，如有機會，都會很想再次品味，口中涎水潺潺，連綿不絕。李鴻榮主廚將一生所學濃縮在這本鉅作，以深入淺出、精美創新的方式呈現。此書不僅是初學者的工具書，更是傳統藝術點心教材的典範，專家也瞠目結舌，嘆為觀止。

　　莫怪幽默大師林語堂說：哪天清晨賴在府上伸出手指數一數，一定會將吃列為第一。讀此書就如品嚐珍饈，讓人回味無窮。

　　　　　　　　萬能科技大學　莊暢

沒有三昧真火，豈能戲味人生

藝極棒的廚藝大師　　李鴻榮

身為李鴻榮大廚好朋友的我，覺得是一種至高無上的光榮！

拜美食文化推廣之賜，將近 20 年的時間裡認識的廚師多如過江之鯽；名廚有了一定程度的社會聲望與廚藝高度之後，往往廚藝開始走下坡。原因無他，就是不再精進，不進則退。加上名廚有了名氣，開始作代言、做微波食品，美食頓時成了加工食品的用武之地。

認識李鴻榮是個很偶然的機會，當時在他任職的飯店副總引薦之下，初嘗他的成都味道而驚為天人，明明是到了粵菜、江浙菜為主的餐廳，為何師傅能料理出麻辣鹹鮮香的成都好滋味？原來李鴻榮的夫人是成都姑娘。尤其那一道成都老味道甜燒白，更成了我在台灣吃過最頂尖地道的滋味。從那一刻起，我便開始注意李鴻榮大廚的動態。李大廚不僅精通粵滬手工菜，更擅長川魯菜系的研發，廚藝經驗之於他 25 年有餘，每天都再向廚藝下戰帖。更讓我驚豔的是，近年更特別向無師自通的宜蘭捏塑達人游耀鴻拜師習藝，為食不厭精、燴不厭細演繹出更高層次的藝術高度。

這本《手作中式點心》著作，便是李鴻榮傾全力演出的廚藝年度鉅作，將手工港點與江浙點心，賦予新生命。

俗話說：「聲樂家的丹田、廚師的湯底」。藝術沒有什麼捷徑，就是不斷地練習，說明的便是練家子真工夫。人形雕塑對李鴻榮最大的挑戰是難以琢磨創作，尤其廚師強項是鑊氣與擺盤；而臉上的五官表情要能唯妙唯肖更難，不但要做得像、烘托得自然，更要形塑出生命力、做出豐富的表情來。神乎其技的技藝絕活，靠得正是扎實的底子琢磨出來的。而李鴻榮的手藝好，學好型塑無非就是要把點心的美感與藝術表達更精準。

正所謂：「沒有三昧真火，豈能戲味人生。」人體內真有三種火。一曰目光之火，二曰意念之火，三曰氣動之火。古人稱之為「三昧真火」。而李鴻榮大廚運用這三種火會合交融在一起，意念加重，注視不離，叫做武火；意念輕鬆，似有若無，叫做文火。練就自己不慍不火的超然氣度，正也是這本手作中式點心耐人尋味、飄香全世界的奏鳴曲。

戲味人生之麵點大賞

麵點！

是主食之一、是茶餘之伴、是街坊之味、是記憶之源！

不管您是大宴小酌、還是地方特色伴手、麵點、總有它重要的一席。日前食安問題的關切、讓大家更有意願自己動手來製作。電視上健康美食節目的教授、總是吸引著觀眾們的守候學習；食譜料理書籍、更是每位喜好烹飪朋友們的珍藏寶典。

李大師專精各類麵點的製作、也經常為了麵點、走訪大陸各大城鎮、拜訪各大名廚、學習著傳統麵點的製作、再加以研發鑽研更能符合現代的麵點。細心的為各位朋友分類整理出四大類的中式麵點。

酥油皮類、發酵麵糰、米調麵糰、水調麵糰。用傳統的技法、昇華成現代藝術的麵點、讓各位讀者們能快速入門。只要您跟著李大師書本上的步驟、多加練習製作、很快的、您也可以跟李大師一樣、是位人人敬佩的麵點大師。

祝福

新書大賣

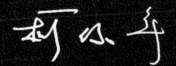

性格沉穩內斂，待人謙虛隨和
是我對李師傅的第一印象

　　來此學習黏土人型捏塑之際，方知是古華花園飯店主廚。完全沒有架子的他親切大方，廚藝出眾，為了挑戰自己的料理知識，更是跑遍了中國精研各家名菜點心，從中激發靈感，變化自己的料理風格，也更增添了料理過程中的趣味感。

　　師傅來此學習人物捏塑已有多年了，在學習過程中本身已具有極高的藝術涵養，再加上後天努力不懈的練習，人物技巧可以說是突飛猛進，更能創作出自己風格；在人物比例、頭部五官位置、衣飾皺褶部分更是精準到位，最難能可貴的是將捏塑技巧融入菜色視覺裡，鋪陳故事，讓料理變成一道色香味俱全，擁有故事性的佳餚。

　　期望未來李師傅能將此技藝推廣於傳統擺盤捏麵技術上，更精緻細膩，並可長久保存，成為另類廚藝技巧，意義非凡。欣賞李師傅出書之際，也衷心獻上我的祝福，希望本書能讓更多想取得專業技術和相關資訊的朋友們有所收穫。

如何使用本書
How to use this book

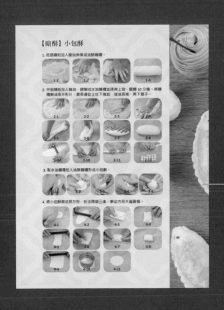

四大技法皆於章節開頭以圖文說明
基礎操作，內文作法僅以文字呈現。

技法

此道所屬篇章

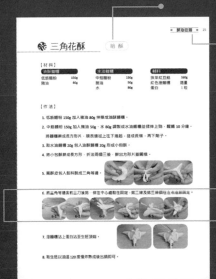

圖片對照皆以號碼標示，作法 5 對應 5-1、5-2，
作法 6 對應 6-1、6-2……等，以此類推。

Point 1

包入內餡前可先在麵皮上輕刷一層
蛋白，此技法能讓餡料吃住麵皮，
熟製時食材較不會溢漏。

Point 2

造型料理組合時需先在接合處點上
蛋白，因蛋白有黏著的效果，熟製
時比較不會脫落變形。

目　　錄
Contents

1 酥油皮類
012

2 發酵麵糰
072

食材介紹

{粉類}

紅 麴 粉

抹 茶 粉

可 可 粉

甜菜根粉

梔 子 粉

南 瓜 粉

木 炭 粉

{餡類}

黑芝麻餡

奶 黃 餡

堅 果 餡

咖 哩 餡

白蓮蓉餡

蓮 蓉 餡

抹茶紅豆餡

紅豆沙餡

核 桃 餡

棗 泥 餡

工
具
介
紹

 電子秤

 包餡竹片

 塑膠刮板

 梳子

 不銹鋼刮板

 滾邊花夾

 大擀麵棍
小擀麵棍

 聶子

 橄欖擀麵棍

 剪刀

 刷子

 2cm 直筒模具

 麵塑工具

 圓形模具

 八款麵點花夾

 大刀
小刀

酥油皮類

※ 內餡皆可自由調整，建議初學者以稍硬的餡料做為入門，熟練後再改
　軟餡料，這樣做是因為初學者在塑形時失敗率較高，建議練習一段時
　間，熟悉步驟後再挑戰軟餡料。

※ 篇章示範塑形內餡僅為示意。

【暗酥】大包酥

1. 低筋麵粉加入酥油抻擦
　成油酥麵糰。

1-1

1-2

2. 中筋麵粉加入酥油及熱開水先拌勻後，再加入水調製成水油麵糰。

2-1

2-2

2-3

2-4

3. 將調製好之水油麵糰及油酥麵糰置放於案板上醒麵 10 分鐘。

4. 取水油麵糰包入油酥麵糰形成大包酥。

4-1

4-2

4-3

5. 取擀麵杖將大包酥擀成大薄片後噴水。

5-1

5-2

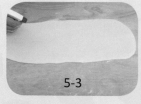
5-3

6. 將大薄片從上往下捲起，搓成長條，再下劑子，壓平。

6-1

6-2

6-3

【暗酥】小包酥

1. 低筋麵粉加入豬油抷擦成油酥麵糰。

1-1

1-2

1-3

1-4

2. 中筋麵粉加入豬油、水，調製成水油麵糰並揉摔上勁，醒麵 10 分鐘。
   將麵糰擀成長方形片，順長邊從上往下捲起，搓成長條，再下劑子。

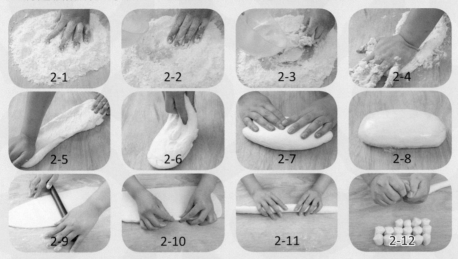

2-1　　2-2　　2-3　　2-4

2-5　　2-6　　2-7　　2-8

2-9　　2-10　　2-11　　2-12

3. 取水油麵糰包入油酥麵糰形成小包酥。

3-1　　3-2　　3-3　　3-4　　3-5

4. 將小包酥擀成長方形，折法兩個三後，擀出方形片蓋圓模。

4-1　　4-2　　4-3　　4-4

4-5　　4-6　　4-7　　4-8

4-9　　4-10　　4-11

【捲酥】

1. 低筋麵粉加入酥油抻擦成油酥麵糰。

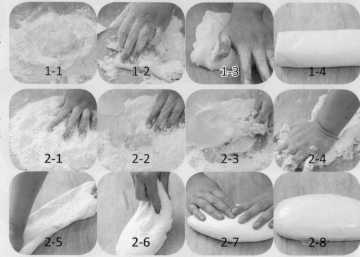

1-1　1-2　1-3　1-4

2. 中筋麵粉加入酥油和水調製成水油麵糰並揉摔上勁。

2-1　2-2　2-3　2-4

2-5　2-6　2-7　2-8

3. 將調製好之水油麵糰及油酥麵糰置放於案板上醒麵 10 分鐘。

4. 將水油麵糰擀成長方形，油酥麵糰置放於水油麵糰上面位置，用擀麵杖輕輕擀壓。

4-1

5. 定位中心線左右麵皮往中心線折起，並上下擀壓後再對折修邊。

5-1　5-2　5-3　5-4　5-5　5-6

6. 用擀麵杖再擀成長　並重複折疊一次。

6-1　6-2　6-3　6-4　6-5　6-6

7. 麵皮擀成長片先修邊再噴水，順長片捲成圓柱狀，鬆弛 10 ～ 15 分鐘。

7-1　7-2　7-3　7-4　7-5　7-6

8. 圓柱用刀切成一塊塊圓形薄片。

8-1

9. 酥皮擀製成圓片。

9-1　9-2　9-3

【排酥】

1. 低筋麵粉加入豬油抻擦成油酥麵糰。

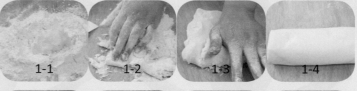

2. 中筋麵粉加入豬油、水調製成水油麵糰。

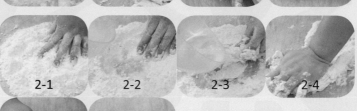

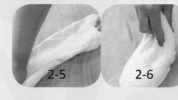

3. 將調製好之水油麵糰及油酥麵糰置放於案板上醒麵 10 分鐘。

4. 將水油麵糰擀成長方形，油酥麵糰置放於水油麵糰上面位置，用擀麵杖輕輕擀壓，四邊修齊。

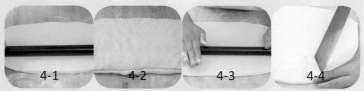

5. 定位中心線左右麵皮往中心線折起，並上下擀壓後再對折，左右邊修齊。

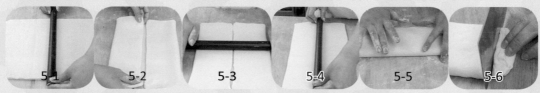

6. 用擀麵杖再擀成長方形並重複折疊一次，完成後擀成長方形。

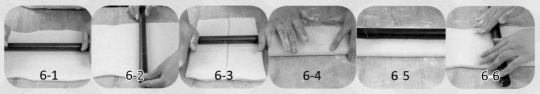

7. 將長方片切片並刷上一層麵糊疊起，封上保鮮膜以刀面輕拍兩面後，放入冷凍冰箱靜置 20 分鐘。

8. 將冰凍好的酥皮斜切成片，用擀麵杖輕擀至所需之大小。

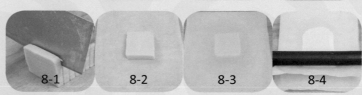

【疊酥】（作法參考荷花酥）

🌀 榴槤酥　〔暗 酥〕

【材料】

油酥麵糰		水油麵糰		輔料	
低筋麵粉	300g	中筋麵粉	300g	榴蓮餡	300g
酥油	160g	酥油	110g	蛋白	1 粒
		熱開水	150g	抹茶粉	適量
		水	60g	南瓜粉	適量
				綠色蒂頭	適量

【作法】

1. 低筋麵粉 300g 加入酥油 160g 抻擦成油酥麵糰。

2. 中筋麵粉 300g 加入酥油 110g 及熱開水 150g 先拌勻後，再加入水 60g 調製成水油麵糰並揉摔上勁醒麵 10 分鐘。

3. 取水油麵糰包入油酥麵糰形成大包酥。

4. 將大包酥擀成長方形，折法兩個三後蓋圓模。

5. 圓酥皮包入餡料剪出榴蓮型態。

5-1　　5-2　　5-3

6. 取生胚以 120 度油溫慢炸至熟成即可出鍋裝飾擺盤。

※ 組合及包入內餡前可先在麵皮上輕刷一層蛋白，此技法能讓餡料吃住麵皮，熟製時食材較不會溢漏、散開。

核桃酥　暗酥

【材料】

油酥麵糰

低筋麵粉	300g
酥油	160g

水油麵糰

中筋麵粉	300g
酥油	110g
熱開水	150g
水	60g
可可粉	15g

油酥麵糰

核桃餡	300g
蛋白	1 粒
蜂蜜水	適量

【作法】

1. 低筋麵粉 300g 加入酥油 160g 抻擦成油酥麵糰。

2. 中筋麵粉 300g 加入酥油 110g、可可粉 15g 及熱開水 150g 先拌勻後，再加入水 60g 調製成水油麵糰。

3. 將調製好之水油麵糰及油酥麵糰置放於案板上醒麵 10 分鐘。

4. 取水油麵糰包入油酥麵糰形成大包酥。

5. 取擀麵杖將大包酥擀成大薄片後噴水。

6. 將大薄片從上往下捲起，搓成長條，再下劑子。

7. 包入核桃餡並收口，使用花夾製作出核桃造型。

| 7-1 | 7-2 | 7-3 |
| 7-4 | 7-5 | 7-6 |

8. 入烤箱以上火 180 度下火 160 度烤 18 分鐘後上蜂蜜水即可。

※ 組合及包入內餡前可先在麵皮上輕刷一層蛋白，此技法能讓餡料吃住麵皮，熟製時食材較不會溢漏、散開。

🌀 花生酥 (暗 酥)

【材料】

油酥麵糰		水油麵糰		輔料	
低筋麵粉	300g	中筋麵粉	300g	堅果花生餡	200g
酥油	160g	酥油	110g	蛋白	1 粒
		熱開水	150g	蜂蜜水	適量
		水	60g		

【作法】

1. 低筋麵粉 300g 加入酥油 160g 抻擦成油酥麵糰。

2. 中筋麵粉 300g 加入酥油 110g 及熱開水 150g 先拌勻後，再加入水 60g 調製成水油麵糰。

3. 將調製好之水油麵糰及油酥麵糰置放於案板上醒麵 10 分鐘。

4. 取水油麵糰包入油酥麵糰形成大包酥。

5. 取擀麵杖將大包酥擀成大薄片後噴水。

6. 將大薄片從上往下捲起，搓成長條，再下劑子。

7. 包入堅果花生餡並收口，使用花夾製作出花生造型。

7-1　　　7-2　　　7-3　　　7-4

8. 入烤箱以上火 180 度下火 160 度烤 18 分鐘後上蜂蜜水即可。

※ 組合及包入內餡前可先在麵皮上輕刷一層蛋白，此技法能讓餡料吃住麵皮，熟製時食材較不會溢漏、散開。

🦔 刺參酥 （暗酥）

【材料】

油酥麵糰

低筋麵粉	300g
酥油	160g

水油麵糰

中筋麵粉	300g
酥油	110g
熱開水	150g
水	60g

輔料

堅果花生餡	200g
蛋白	1 粒
黑巧克力	適量
白巧克力	適量

【作法】

1. 低筋麵粉 300g 加入酥油 160g 抻擦成油酥麵糰。

2. 中筋麵粉 300g 加入酥油 110g 及熱開水 150g 先拌勻後，再加入水 60g 調製成水油麵糰並揉摔上勁醒麵 10 分鐘。

3. 取水油麵糰包入油酥麵糰形成大包酥。

4. 取擀麵杖將大包酥擀成大薄片後噴水。

5. 將大薄片從上往下捲起，搓成長條，再下劑子。

6. 下劑子包入餡料，剪出刺參型態，放至烤爐以上火 180 度下火 160 度烤約 20 分鐘。

7. 巧克力隔水加熱融化淋至熱胚上，待冷卻即可擺盤。

※ 組合及包入內餡前可先在麵皮上輕刷一層蛋白，此技法能讓餡料吃住麵皮，熟製時食材較不會溢漏、散開。

🌸 枇杷酥　　排酥

【材料】

油酥麵糰		水油麵糰		輔料	
低筋麵粉	150g	中筋麵粉	150g	烏豆沙	160g
豬油	80g	豬油	50g	生芝麻	20g
梔子粉	2g	水	80g	蛋白	1 粒
		梔子粉	2g	裝飾綠葉	適量

【作法】

1. 低筋麵粉 150g 加入豬油 80g 和梔子粉 2g 抻擦成油酥麵糰。

2. 中筋麵粉 150g 加入豬油 50g、水 80g、梔子粉 2g 調製成水油麵糰。

3. 將調製好之水油麵糰及油酥麵糰置放於案板上醒麵 10 分鐘。

4. 將水油麵糰擀成長方形，油酥麵糰置放於水油麵糰上面，用擀麵杖輕輕擀壓。

5. 定位中心線左右麵皮往中心線折起，在上下擀壓後再對折，左右邊修齊。

6. 用擀麵杖再擀成長方形，並重複折疊一次，完成後擀 48 公分之長方形。

7. 將長方片切割成 8 片，每片 6 公分並互疊起，封上保鮮膜以刀麵輕拍兩面後，
   放入冰凍冰箱靜置 20 分鐘。

8. 將酥皮修飾所需型態大小，包入餡料。

8-1

9. 順長捲起兩端收口捏緊，塗上蛋白沾黏生芝麻。

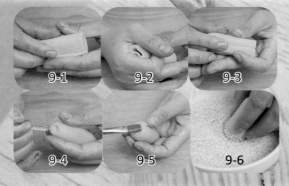

9-1　　9-2　　9-3

9-4　　9-5　　9-6

10. 取生胚以 120 度油溫慢炸至熟成後出鍋即可。

※ 組合及包入內餡前可先在麵皮上輕刷一層蛋白，此技法能讓餡料吃住麵皮，熟製
　 時食材較不會溢漏、散開。

海棠花酥　暗酥

【材料】

油酥麵糰		水油麵糰		輔料	
低筋麵粉	150g	中筋麵粉	150g	咖哩餡	160g
豬油	80g	豬油	50g	紅色澄麵糰	適量
		水	80g	蛋白	1 粒

【作法】

1. 低筋麵粉 150g 加入豬油 80g 抻擦成油酥麵糰。

2. 中筋麵粉 150g 加入豬油 50g、水 80g 調製成水油麵糰並揉摔上勁，醒麵 10 分鐘。將麵糰擀成長方形片，順長邊從上往下捲起，搓成長條，再下劑子。

3. 取水油麵糰 20g 包入油酥麵糰 20g 形成小包酥。

4. 將小包酥擀成長方形，折法兩個三後，擀出方形片蓋圓模。

5. 圓酥皮包入餡料製成五個等邊。

6. 將五個等邊各剪一刀黏至中心處，澄麵糰沾上蛋白妝點。　※澄麵糰製作方式請參考「米調麵糰」。

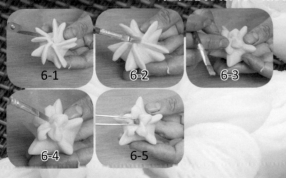

7. 取生胚以油溫 120 度慢炸熟成後出鍋即可。

※ 組合及包入內餡前可先在麵皮上輕刷一層蛋白，此技法能讓餡料吃住麵皮，熟製時食材較不會溢漏、散開。

🌸 君子酥 （暗 酥）

【材 料】

油酥麵糰		水油麵糰	
低筋麵粉	150g	中筋麵粉	150g
豬油	80g	豬油	50g
		水	80g

輔料	
烏豆沙餡	160g
紅色澄麵糰	1 粒
蛋白	適量

【作 法】

1. 低筋麵粉 150g 加入豬油 80g 抻擦成油酥麵糰。

2. 中筋麵粉 150g 加入豬油 50g、水 80g 調製成水油麵糰並揉摔上勁，醒麵 10 分鐘。將麵糰擀成長方形片，順長邊從上往下捲起，搓成長條，再下劑子。

3. 取水油麵糰 20g 包入油酥麵糰 20g 形成小包酥。

4. 將小包酥擀成長方形，折法兩個三後，擀出方形片蓋圓模。

5. 圓酥皮包入餡料製成四個等邊。

5-1　5-2　5-3　5-4

6. 將四個等邊各剪一刀黏至中心處，澄麵糰沾上蛋白妝點。
   ※ 澄麵糰製作方式請參考「米調麵糰」。

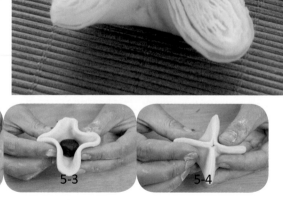

6-1　6-2　6-3　6-4

7. 取生胚以油溫 120 度慢炸熟成後出鍋即可。※ 組合及包入內餡前可先在麵皮上輕刷一層蛋白，此技法能讓餡料吃住麵皮，熟製時食材較不會溢漏、散開。

鯽魚酥　暗酥

【材料】

油酥麵糰		水油麵糰		輔料	
低筋麵粉	150g	中筋麵粉	150g	蘿蔔絲餡	160g
酥油	80g	酥油	50g	蛋白	1 粒
		水	80g	蛋黃液	1 粒
				黑芝麻	少許

【作法】

1. 低筋麵粉 150g 加入酥油 80g 揉擦成油酥麵糰。

2. 中筋麵粉 150g 加入酥油 50g、水 80g 調製成水油麵糰並揉摔上勁，醒麵 10 分鐘。將麵糰擀成長方形片，順長邊從上往下捲起，搓成長條，再下劑子。

3. 取水油麵糰 20g 包入油酥麵糰 20g 形成小包酥。

4. 將小包酥擀成長方形，折法兩個三後，擀出方形片蓋圓模。

5. 圓酥皮包入蘿蔔餡，將酥皮對折成半圓狀。

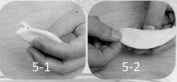

5-1　　5-2

6. 剪出魚尾部分，捏製背鰭花邊，修整魚尾形狀以麵塑工具壓出尾鰭花紋。

6-1　　6-1　　6-3

7. 壓出魚頭、魚鱗，刷上蛋白黏黑芝麻做魚眼，魚身表面刷上蛋黃液。

7-1　　7-2　　7-3　　7-4　　7-5

8. 置入烤箱上火 200 度下火 180 度烤製 12 分鐘即可。

※ 組合及包入內餡前可先在麵皮上輕刷一層蛋白，此技法能讓餡料吃住麵皮，熟製時食材較不會溢漏、散開。

三角花酥　暗酥

【材料】

油酥麵糰		水油麵糰		輔料	
低筋麵粉	150g	中筋麵粉	150g	抹茶紅豆餡	160g
豬油	80g	豬油	50g	紅色澄麵糰	適量
		水	80g	蛋白	1 粒

【作法】

1. 低筋麵粉 150g 加入豬油 80g 抻擦成油酥麵糰。

2. 中筋麵粉 150g 加入豬油 50g、水 80g 調製成水油麵糰並揉摔上勁，醒麵 10 分鐘。

   將麵糰擀成長方形片，順長邊從上往下捲起，搓成長條，再下劑子。

3. 取水油麵糰 20g 包入油酥麵糰 20g 形成小包酥。

4. 將小包酥擀成長方形，折法兩個三後，擀出方形片蓋圓模。

5. 圓酥皮包入餡料製成三角等邊。

6. 將三角等邊各剪三刀後第一條往中心處黏住固定，第二條及第三條個往左右底部固定。

7. 澄麵糰沾上蛋白沾至生胚頂端。

   ※ 澄麵糰製作方式請參考「米調麵糰」。

8. 取生胚以油溫 120 度慢炸熟成後出鍋即可。

※ 組合及包入內餡前可先在麵皮上輕刷一層蛋白，此技法能讓餡料吃住麵皮，熟製時食材較不會溢漏、散開。

🐾 天鵝酥

（排 酥）

【材料】

油酥麵糰		水油麵糰		輔料	
低筋麵粉	150g	中筋麵粉	150g	翻糖	50g
豬油	80g	豬油	50g	蛋白	1 粒
		水	80g	生芝麻	50g
				海苔片	1 片
				燒鵝餡	180g

【作法】

1. 低筋麵粉 150 公克加入豬油 80 公克抻擦成油酥麵糰。

2. 中筋麵粉 150 公克加入豬油 50 公克水 80 公克調製成水油麵糰。

3. 將調製好之水油麵糰及油酥麵糰置放於案板上醒 10 分鐘。

4. 將水油麵糰擀成長方形，油酥麵糰置放於水油麵糰上面位置，用擀麵杖輕輕擀壓。

5. 定位中心線左右麵皮往中心線折起，並上下擀壓後再對折。

6. 用擀麵杖再擀成長方形並重複折疊一次，完成後擀 48 公分之長方形。

7. 將長方片切割成 8 片，每片 6 公分並互疊起放入冷凍冰箱靜置 20 分鐘，將冰凍好的 酥皮斜切成片。

8. 將酥皮片用擀麵杖輕擀至所需之大小。

8-1　　　　8-2　　　　8-3

9. 修去邊角，放上餡料，使用蛋白塗在接口。

 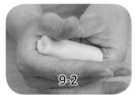

9-1　　　　9-2

10. 捏製成鵝身，尾底部沾上生芝麻，脛部塗上蛋白用海苔條捲起。

  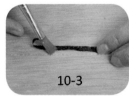 

10-1　　　10-2　　　10-3　　　10-4

10-5　　　10-6　　　10-7　　　10-8

11. 翻糖製成鵝頭。

12. 將鵝的牛胚置入 120 度的油溫炸熟即可，出鍋後再將製作好的鵝頸裝上擺盤。

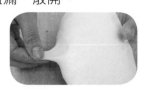

12

※ 組合及包入內餡前可先在麵皮上輕刷一層蛋白，此技法能讓餡料吃住麵皮，熟製時食材較不會溢漏、散開。

※ 醒過的水油皮麵糰呈現光亮而柔軟

🌸 奶瓶酥

奶瓶酥 排 酥

【材料】

油酥麵糰		水油麵糰		輔料	
低筋麵粉	150g	中筋麵粉	150g	蘿蔔乾餡	160g
豬油	80g	豬油	50g	海苔條	適量
		水	80g	蛋白	1 粒
				黃色澄麵糰	適量
				原色澄麵糰	適量

【作法】

1. 低筋麵粉 150g 加入豬油 80g 押擦成油酥麵糰。

2. 中筋麵粉 150g 加入豬油 50g、水 80g 調製成水油麵糰並揉搓上勁。

3. 將調製好之水油麵糰及油酥麵置放於案板上醒麵 10 分鐘。

4. 將水油麵糰擀成長方形，油酥麵糰置放於水油麵糰上面，用擀麵杖輕輕擀壓。

5. 定位中心線左右麵皮往中心線折起，並上下擀壓後再對折，左右邊修齊。

6. 用擀麵杖再擀成長方形，並重複折疊一次。

7. 將酥皮擀製成長方片，切割並互疊起放入冷凍冰箱靜置 20 分鐘。

8. 取凍好酥皮切成斜刀薄片，酥層向上，將酥皮再擀大一些。

9. 將酥皮修飾所需型態大小，酥皮周圍塗上蛋白液。

9-1

9-2

10. 包入蘿蔔乾餡，捲成圓錐形狀整型收口捏緊。

10-1

10-2

10-3

11. 海苔條沾上蛋白液纏於奶瓶生胚，澄麵糰黃色與原色捏製成奶嘴形態。
    ※ 澄麵糰製作方式請參考「米調麵糰」。

11-2

12. 將奶瓶酥生胚以 120 度油溫慢炸，熟成後出鍋，奶嘴妝點即可。

※ 組合及包入內餡前可先在麵皮上輕刷一層蛋白，此技法能讓餡料吃住麵皮，熟製時食材較不會溢漏、散開。

12-1

12-2

🌀 玉蘭花酥　　　(暗 酥)

【材料】

油酥麵糰		水油麵糰		輔料	
低筋麵粉	150g	中筋麵粉	150g	蓮蓉餡	160g
豬油	80g	豬油	50g	綠色澄麵糰	適量
		水	80g	蛋白	1 粒

【作法】

1. 低筋麵粉 150g 加入豬油 80g 抻擦成油酥麵糰。

2. 中筋麵粉 150g 加入豬油 50g、水 80g 調製成水油麵糰並揉捺上勁，醒麵 10 分鐘。
   將麵糰擀成長方形片，順長邊從上往下捲起，搓成長條，再下劑子。

3. 取水油麵糰 15g 包入油酥麵糰 15g 形成小包酥。

4. 將小包酥擀成長方形，折法兩個三後，擀出方形片蓋圓模。

5. 圓酥皮包入餡料製成橄欖形收口捏緊，刻劃出四個花瓣，尾部以綠色澄麵糰點綴。
   ※ 澄麵糰製作方式請參考「米調麵糰」。

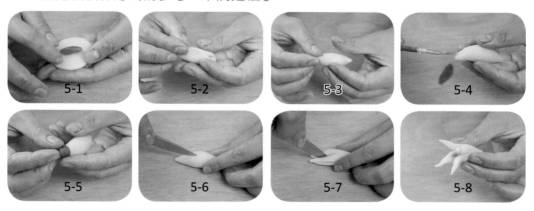

6. 取生胚以 120 度油溫慢炸至熟成即可。

※ 組合及包入內餡前可先在麵皮上輕刷一層蛋白，此技法能讓餡料吃住麵皮，熟製
　時食材較不會溢漏、散開。

🦢 佛手酥

【 暗 酥 】

【材料】

油酥麵糰		水油麵糰		輔料	
低筋麵粉	150g	中筋麵粉	150g	蓮蓉餡	160g
豬油	80g	豬油	50g	蛋白	1 粒
		水	80g		

【作法】

1. 低筋麵粉 150g 加入豬油 80g 抻擦成油酥麵糰。

2. 中筋麵粉 150g 加入豬油 50g、水 80g 調製成水油麵糰並揉摔上勁，醒麵 10 分鐘。將麵糰擀成長方形片，順長邊從上往下捲起，搓成長條，再下劑子。

3. 取水油麵糰 20g 包入油酥麵糰 20g 形成小包酥。

4. 將小包酥擀成長方形，折法兩個三後，擀出方形片蓋圓模。

5. 圓酥皮包入餡料平壓刻劃出 10 條手指。

6. 中間手指向內折彎，生胚腰部捏緊即成佛手酥生胚。

7. 取生胚放入烤箱，以上火 200 度，下火 180 度烤製 12 分鐘即可。

※ 組合及包入內餡前可先在麵皮上輕刷一層蛋白，此技法能讓餡料吃住麵皮，熟製時食材較不會溢漏、散開。

花瓶酥　　排酥

【材料】

油酥麵糰		水油麵糰		輔料	
低筋麵粉	300g	中筋麵粉	300g	柴薯泥	160g
豬油	160g	豬油	110g	食用花	少許
		水	170g	蛋白	1 粒
				薄荷葉	少許

【作法】

1. 低筋麵粉 300g 加入豬油 160g 抻擦成油酥麵糰。

2. 中筋麵粉 300g 加入豬油 110g、水 170g 調製成水油麵糰並揉摔上勁。

3. 將調製好之水油麵糰及油酥麵糰置放於案板上醒麵 20 分鐘。

4. 將水油麵糰擀成長方形，油酥麵糰置放於水油麵糰上面，用擀麵杖輕輕擀壓。

5. 定位中心線左右麵皮往中心線折起，並上下擀壓後再對折，左右邊修齊。

6. 用擀麵杖再擀成長方形，並重複折疊一次。

7. 將酥皮擀製成長方片，切割並互疊起放入冷凍冰箱靜置 40 分鐘。

8. 取凍好酥皮切成斜刀薄片，酥層向上，將酥皮再擀大一些。

8-1

8-2

8-3

8-4

9. 將酥皮修飾所需型態大小，取不鏽鋼管捲起，塗上蛋白液黏接合。

9-1

9-2

10. 將海苔繞捲於兩端處製成生胚。

10-1

10-2

11. 將花瓶酥生胚以 120 度油溫慢炸熟成後出鍋。

12. 出鍋後脫去不鏽鋼管，添入柴薯泥、食用花、薄荷葉妝點即可。

※ 組合及包入內餡前可先在麵皮上輕刷一層蛋白，此技法能讓餡料吃住麵皮，熟製時食材較不會溢漏、散開。

🏵 南瓜酥　　　　　(捲 酥)

【材料】

油酥麵糰		水油麵糰		輔料	
低筋麵粉	150g	中筋麵粉	150g	南瓜餡	160g
酥油	80g	酥油	50g	蛋白	1 粒
		水	80g	綠色澄麵糰	適量
		梔子粉	3g		

【作法】

1. 低筋麵粉 150g 加入酥油 80g 抻擦成油酥麵糰。

2. 中筋麵粉 150g 加入酥油 50g、水 80g 和梔子粉 3g 調製成水油麵糰並揉摔上勁。

3. 將調製好之水油麵糰及油酥麵糰置案板上醒麵 10 分鐘。

4. 將水油麵糰幹成長方形,油酥麵糰置放於水油麵糰上面位置,用擀麵杖輕輕擀壓。

5. 定位中心線左右麵皮往中心線折起,並上下擀壓後再對折。

6. 用擀麵杖再擀成長方形並重複折疊一次。

7. 麵皮擀成長片並順長邊捲成圓柱狀,鬆弛 10~15 分鐘。

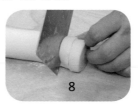

8. 圓柱用刀切成一塊塊圓形薄片約0.4cm。

9. 酥皮擀製大一些刷上蛋白液,包入餡料,收口整型。

9-1　　9-2　　9-3　　9-4

10. 將南瓜生胚以 120 度油溫慢炸,熟成後出鍋。

11. 取綠色澄麵糰製作成南瓜蒂,妝點即可擺盤。
　　※ 澄麵糰製作方式請參考「米調麵糰」。

11-2

※ 組合及包入內餡前可先在麵皮上輕刷一層蛋白,此技法能讓餡料吃住麵皮,熟製
　　時食材較不會溢漏、散開。

🌸 茄子酥

(排 酥)

【材料】

油酥麵糰		水油麵糰		輔料	
低筋麵粉	150g	中筋麵粉	150g	白蓮蓉餡	160g
酥油	80g	酥油	50g	紫色澄麵糰	適量
		水	80g	蛋白	1 粒

【作法】

1. 低筋麵粉 150g 加入酥油 80g 抻擦成油酥麵糰。

2. 中筋麵粉 150g 加入酥油 50g、水 80g 調製成水油麵糰並揉摔上勁。

3. 將調製好之水油麵糰及油酥麵糰置放於案板上醒麵 10 分鐘。

4. 將水油麵糰擀成長方形,油酥麵糰置放於水油麵糰上面,用擀麵杖輕輕擀壓。

5. 定位中心線左右麵皮往中心線折起,並上下擀壓後再對折,左右邊修齊。

6. 用擀麵杖再擀成長方形,並重複折疊一次。

7. 將酥皮擀製成長方片,切割並互疊起放入冷凍冰箱靜置 20 分鐘。

8. 取凍好酥皮切成斜刀薄片,酥層向上將酥皮再擀大一些。

9. 將酥皮修飾所需型態大小,包入餡料。

9

10. 酥皮周圍塗上蛋白液,捲成長筒形,
　　 製成茄子酥生胚。

10-1

10-2

11. 將紫色澄麵糰製作成茄子蒂頭裝上。　※ 澄麵糰製作方式請參考「米調麵糰」。

11-1

11-2

11-3

11-4

12. 將茄子酥生胚以 120 度油溫慢炸,熟成後出鍋即可。

※ 組合及包入內餡前可先在麵皮上輕刷一層蛋白,此技法能讓餡料吃住麵皮,熟製
　　時食材較不會溢漏、散開。

🌸 足球酥

排 酥

【材料】

油酥麵糰		水油麵糰		輔料	
低筋麵粉	300g	中筋麵粉	300g	蓮蓉餡	160g
豬油	160g	豬油	110g	蛋白	1 粒
		水	170g		
		木炭粉	5g		

【作法】

1. 低筋麵粉 300g 加入豬油 160g 抻擦成油酥麵糰。

2. 中筋麵粉 300g 加入豬油 110g、水 170g、木炭粉 5g 調製成水油麵糰並揉摔上勁。

3. 將調製好之水油麵糰及油酥麵糰置放於案板上醒麵 20 分鐘。

4. 將水油麵糰擀成長方形，油酥麵糰置放於水油麵糰上面，用擀麵杖輕輕擀壓。

5. 定位中心線左右麵皮往中心線折起，並上下擀壓後再對折，左右邊修齊。

6. 用擀麵杖再擀成長方形，並重複折疊一次。

7. 將酥皮擀成長方形用刀切割成 0.3 公分的長條狀。

8. 將切割好的長條狀交叉編織成一塊酥皮。

9. 將酥皮修飾所需型態大小，塗上蛋白液包入餡料，製成足球酥生胚。

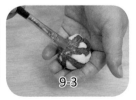

10. 將生胚以 120 度油溫慢炸，熟成後出鍋，取澄麵團妝點擺盤即可。

※ 組合及包入內餡前可先在麵皮上輕刷一層蛋白，此技法能讓餡料吃住麵皮，熟製
　時食材較不會溢漏、散開。

🍎 蘋果酥　　　　(捲 酥)

【材料】

油酥麵糰		水油麵糰		輔料	
低筋麵粉	150g	中筋麵粉	150g	白蓮蓉餡	100g
酥油	80g	酥油	50g	蘋果	50g
		水	80g	蜂蜜	20g
		抹茶粉	2g	蛋白	1 粒
				櫻桃梗	10 根

【作法】

1. 低筋麵粉 150g 加入酥油 80g 抻擦成油酥麵糰。

2. 中筋麵粉 150g 加入酥油 50g、水 80g、抹茶粉 2g 調製成水油麵糰並揉摔上勁。

3. 將調製好之油酥麵糰及水油麵糰至案板上醒麵 10 分鐘。

4. 將水油麵糰擀成長方形，油酥麵糰置放於水油麵糰上面位置，用擀麵杖輕輕擀壓。

5. 定位中心線左右麵皮往中心線折起，並上下擀壓後再對折。

6. 用擀麵杖再擀成長方形並重複折疊一次。

7. 麵皮擀成長片並順長邊捲成圓柱狀，鬆弛 10~15 分鐘。

8. 圓柱用刀切成一塊塊圓形薄片約 0.4cm。

9-1

9-2

9-3

9-4

9. 酥皮擀製大一些刷上蛋白液，包入餡料，收口整型。

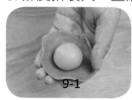
9-1

9-2

10. 將生胚以 120 度油溫慢炸，熟成後出鍋，頂端以櫻桃梗裝飾。

※ 組合及包入內餡前可先在麵皮上輕刷一層蛋白，此技法能讓餡料吃住麵皮，熟製時食材較不會溢漏、散開。

✿ 章魚酥

排 酥

【材料】

油酥麵糰

低筋麵粉	300g
豬油	160g

水油麵糰

中筋麵粉	300g
豬油	110g
水	170g

輔料

紅豆沙餡	160g
黑色澄麵糰	適量
蛋白	1 粒
白芝麻	適量

【作 法】

1. 低筋麵粉 300g 加入豬油 160g 抻擦成油酥麵糰。

2. 中筋麵粉 300g 加入豬油 110g、水 170g 調製成水油麵糰並揉摔上勁。

3. 將調製好之水油麵糰及油酥麵糰置放於案板上醒麵 20 分鐘。

4. 將水油麵糰擀成長方形，油酥麵糰置放於水油麵糰上面，用擀麵杖輕輕擀壓。

5. 定位中心線左右麵皮往中心線折起，並上下擀壓後再對折，左右邊修齊。

6. 用擀麵杖再擀成長方形，並重複摺疊一次。

7. 將酥皮擀製成長方片，切割並互疊起放入冷凍冰箱靜置 40 分鐘。

8. 取凍好酥皮切成斜刀薄片，酥層向上，將酥皮再擀大一些。

9. 將酥皮修飾所需型態大小，刷上蛋白，包入餡料。

10. 順長捲起為長筒狀，一端收口捏緊沾蛋白液黏上白芝麻。

11. 另一端使用剪刀修剪出齒狀，沾黏上酥條，黑色澄麵糰沾取適量蛋白，點綴眼睛。
　　※ 澄麵糰製作方式請參考「米調麵糰」。

12. 取生胚以 120 度油溫慢炸至熟成，出鍋用黑色澄麵糰妝點眼睛即可。
※ 組合及包入內餡前可先在麵皮上輕刷一層蛋白，此技法能讓餡料吃住麵皮，熟製時食材較不會溢漏、散開。

❀ 絲瓜酥　　　　　排 酥

【材料】

油酥麵糰
低筋麵粉	150g
酥油	80g

水油麵糰
中筋麵粉	150g
酥油	50g
水	80g
抹茶粉	5g

輔料
抹茶紅豆餡	160g
綠色澄麵團	適量
黃色澄麵團	適量
蛋白	1 粒

【作 法】

1. 低筋麵粉 150g 加入酥油 80g 抻擦成油酥麵糰。

2. 中筋麵粉 150g 加入酥油 50g、水 80g、抹茶粉 5g 調製成水油麵糰並揉摔上勁。

3. 將調製好之水油麵糰及油酥麵糰置放於案板上醒麵 10 分鐘。

4. 將水油麵糰擀成長方形，油酥麵糰置放於水油麵糰上面，用擀麵杖輕輕擀壓。

5. 定位中心線左右麵皮往中心線折起，並上下擀壓後再對折，左右邊修齊。

6. 用擀麵杖再擀成長方形，並重複折疊一次。

7. 將酥皮擀製成長方片，切割並互疊起放入冷凍冰箱靜置 20 分鐘。

8. 取凍好酥皮切成斜刀薄片，酥層向上，將酥皮再擀大一些。

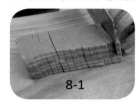
8-1

8-2

8-3

8-4

9. 將酥皮修飾所需型態大小，刷上蛋白包入餡料。

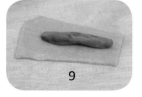
9

10. 酥皮周圍塗上蛋白液，捲成桶型製
    成絲瓜酥生胚。

10-1

10-2

11. 綠色澄麵糰及黃色澄麵糰，分別製成絲瓜蒂頭和尾部黃
    花，接合前以蛋白做為接著劑。
    ※ 澄麵糰製作方式請參考「米調麵糰」。

11

12. 將絲瓜酥生胚以 120 度油溫慢炸，熟成後出鍋即可。

※ 組合及包入內餡前可先在麵皮上輕刷一層蛋白，此技法能讓餡料吃住麵皮，熟製時食
　材較不會溢漏、散開。

🦁 葫蘆酥　　　[排 酥]

【材料】

油酥麵糰		水油麵糰		輔料	
低筋麵粉	150g	中筋麵粉	150g	抹茶紅豆餡	160g
豬油	80g	豬油	50g	蛋白	1 粒
		水	80g	紅色澄麵糰	適量
				海苔條	適量
				生芝麻	適量

【作法】

1. 低筋麵粉 150g 加入豬油 80g 抻擦成油酥麵糰。

2. 中筋麵粉 150g 加入豬油 50g、水 80g 調製成水油麵糰並揉摔上勁。

3. 將調製好之水油麵糰及油酥麵糰置放於案板上醒麵 10 分鐘。

4. 將水油麵糰擀成長方形，油酥麵糰置放於水油麵糰上面，用擀麵杖輕輕擀壓。

5. 定位中心餡左右麵皮往中心線折起，並上下擀壓後再對折，左右邊修齊。

6. 用擀麵杖再擀成長方形，並重複折疊一次。

7. 將酥皮擀製成長方片，切割並互疊起放入冷凍冰箱靜置 20 分鐘。

8. 取凍好酥皮切成斜刀薄片，酥層向上，將酥皮再擀大一些。

9. 將酥皮修飾所需形態大小，周圍塗上蛋白液，包入餡料。

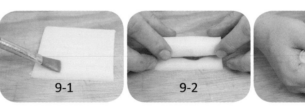

10. 將酥皮捲成長筒型，製成葫蘆狀生胚，底部修剪多餘酥皮並刷蛋白液沾上生芝麻。

11. 葫蘆酥生胚中間繫上海苔條，另一端剪去多餘酥皮修飾成葫蘆頭，以 120 度油溫炸，熟成後出鍋。

12. 以紅色澄麵糰妝點葫蘆酥即可盛盤。　　※ 澄麵糰製作方式請參考「米調麵糰」。

※ 組合及包入內餡前可先在麵皮上輕刷一層蛋白，此技法能讓餡料吃住麵皮，熟製時食材較不會溢漏、散開。

🍥 粽子酥

排 酥

【材料】

油酥麵糰		水油麵糰		輔料	
低筋麵粉	300g	中筋麵粉	300g	棗泥餡	160g
豬油	160g	豬油	110g	海苔條	少許
		水	170g	蛋白	1 粒
		南瓜粉	10g		

【作法】

1. 低筋麵粉 300g 加入豬油 160g 抻擦成油酥麵糰。

2. 中筋麵粉 300g 加入豬油 110g、水 170g、南瓜粉 10g 調製成水油麵糰並揉摔上勁。

3. 將調製好之水油麵糰及油酥麵糰置放於案板上醒麵 20 分鐘。

4. 將水油麵糰擀成長方形,油酥麵糰置放於水油麵糰上面,用擀麵杖輕輕擀壓。

5. 定位中心線左右麵皮往中心線折起,並上下擀壓後再對折,左右邊修齊。

6. 用擀麵杖再擀成長方形,並重複折疊一次。

7. 將酥皮擀製成長方片,切割並互疊起放入冷凍冰箱靜置 40 分鐘。

8. 取凍好酥皮切成斜刀薄片,酥層向上,將酥皮再擀大一些。

9. 將酥皮修飾所需型態大小,酥皮周圍塗上蛋白液。

9

10. 包入餡料對折捏緊,兩端以不同方向捏緊收口,塗上蛋白液黏上海苔條。

10-1

10-2

10-3

10-4

11. 將生胚以 120 度油溫慢炸至熟成。

※ 組合及包入內餡前可先在麵皮上輕刷一層蛋白,此技法能讓餡料吃住麵皮,熟製時食材較不會溢漏、散開。

🌀 綠竹筍酥　　　〔 排　酥 〕

【材料】

油酥麵糰		水油麵糰		輔料	
低筋麵粉	150g	中筋麵粉	150g	咖哩餡	160g
豬油	80g	豬油	50g	蛋白	1 粒
		水	80g	抹茶粉	適量
				可可粉	適量

【作法】

1. 低筋麵粉 150g 加入豬油 80g 抻擦成油酥麵糰。

2. 中筋麵粉 150g 加入豬油 50g、水 80g 調製成水油麵糰並揉摔上勁。

3. 將調製好之水油麵糰及油酥麵糰置放於案板上醒麵 10 分鐘。

4. 將水油麵糰擀成長方形，油酥麵糰置放於水油麵糰上面，用擀麵杖輕輕擀壓。

5. 定位中心線左右麵皮往中心線折起，並上下擀壓後再對折，左右邊修齊。

6. 用擀麵杖再擀成長方形，並重複折疊一次。

7. 將酥皮擀製成長方片，切割並互疊起放入冰凍冰箱靜置 20 分鐘。

8. 取凍好酥皮切成斜刀薄片，酥層向上，將酥皮再擀大一些。

9. 將酥皮修飾所需形態大小，酥皮周圍塗上
   蛋白液。

10. 包入咖哩餡，捲成長筒型捏製成綠竹筍生胚。

11. 取酥皮用刀切二條約 5 公分長條的酥條，塗上蛋白液，包覆在竹筍的圓錐體 1/3 處
    固定，並再重複一次，形成筍殼。

12. 將綠竹筍生胚以 120 度油溫慢炸，熟成後出鍋，以抹茶粉、可可粉妝點。

※ 組合及包入內餡前可先在麵皮上輕刷一層蛋白，此技法能讓餡料吃住麵皮，熟製時
　 食材較不會溢漏、散開。

🧄 蒜頭酥　　　　　排 酥

【材料】

油酥麵糰		水油麵糰		輔料	
低筋麵粉	150g	中筋麵粉	150g	白蓮蓉餡	160g
白油	80g	白油	50g	蛋白	適量
		水	80g		

【作法】

1. 低筋麵粉 150g 加入白油 80g 抻擦成油酥麵糰。

2. 中筋麵粉 150g 加入白油 50g、水 80g 調製成水油麵糰並揉摔上勁。

3. 將調製好之水油麵糰及油酥麵糰置放於案板上醒麵 10 分鐘。

4. 將水油麵糰擀成長方形,油酥麵糰置放於水油麵糰上面,用擀麵杖輕輕擀壓。

5. 定位中心線左右麵皮往中心線折起,並上下擀壓後再對折,左右邊修齊。

6. 用擀麵杖再擀成長方形,並重複折疊一次。

7. 將酥皮擀製成長方片,切割並互疊起放入冷凍冰箱靜置 20 分鐘。

8. 取凍好酥皮切成斜刀薄片,酥層向上,將酥皮再擀大一些。

9. 將酥皮修飾所需形態大小,周圍塗上
   蛋白液,包入餡料。

9-1

9-2

10. 酥皮捲成長筒形製成蒜頭形狀。

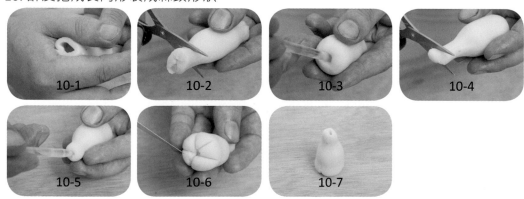
10-1　　10-2　　10-3　　10-4
10-5　　10-6　　10-7

11. 將生胚以 120 度油溫慢炸熟成後出鍋即可。

※ 組合及包入內餡前可先在麵皮上輕刷一層蛋白,此技法能讓餡料吃住麵皮,熟製時食材較不會溢漏、散開。

蜜棗酥

排 酥

【材料】

油酥麵糰		水油麵糰		輔料	
低筋麵粉	150g	中筋麵粉	150g	棗泥餡	160g
白油	80g	白油	50g	蛋白	1 粒
		水	80g		
		可可粉	3g		

【作法】

1. 低筋麵粉 150g 加入白油 80g 抻擦成油酥麵糰。

2. 中筋麵粉 150g 加入白油 50g、水 80g、可可粉 3g 調製成水油麵糰。

3. 將調製好之水油麵糰及油酥麵糰置放於案板上醒麵 10 分鐘。

4. 將水油麵糰擀成長方形，油酥麵糰置放於水油麵糰上面，用擀麵杖輕輕擀壓。

5. 定位中心線左右麵皮往中心線折起，並上下擀壓後再對折，左右邊修齊。

6. 用擀麵杖再擀成長方形，並重複折疊一次。

7. 將酥皮擀製成長方片，切割並互疊起放入冷凍冰箱靜置 20 分鐘。

8. 取凍好酥皮切成斜刀薄片，酥層向上，將酥皮再擀大一些。

9. 將酥皮修飾所需型態大小，包入餡料。

9-1

9-2

10. 酥皮周圍塗上蛋白液，整型製成生胚。

10-1

10-2

10-3

11. 將生胚以 120 度油溫慢炸至熟成。

※ 組合及包入內餡前可先在麵皮上輕刷一層蛋白，此技法能讓餡料吃住麵皮，熟製時食材較不會溢漏、散開。

🍥 鳳陽花鼓酥　〔排酥〕

【材料】

油酥麵糰		水油麵糰		輔料	
低筋麵粉	150g	中筋麵粉	150g	奶黃餡	160g
酥油	80g	酥油	50g	生芝麻	少許
		水	80g	海苔條	少許
				蛋白	1 粒

【作法】

1. 低筋麵粉 150g 加入酥油 80g 抻擦成油酥麵糰。

2. 中筋麵粉 150g 加入酥油 50g、水 80g 調製成水油麵糰並揉摔上勁。

3. 將調製好之水油麵糰及油酥麵糰置放於案板上醒麵 10 分鐘。

4. 將水油麵糰擀成長方形,油酥麵糰置放於水油麵糰上面,用擀麵杖輕輕擀壓。

5. 定位中心線左右麵皮往中心線折起,並上下擀壓後再對折,左右邊修齊。

6. 用擀麵杖再擀成長方形,並重複折疊一次。

7. 將酥皮擀製成長方片,切割並互疊起放入冷凍冰箱靜置 20 分鐘。

8. 取凍好酥皮切成斜刀薄片,酥層向上,將酥皮再擀大一些。

9. 將酥皮修飾所需形態大小,酥皮周圍塗上蛋白液。

10. 包入餡料,捲成長筒狀兩端收口捏緊,海苔條沾蛋白黏上兩端,剪去多餘酥皮。

11. 將兩邊收口塗上蛋白液,以生芝麻妝點。

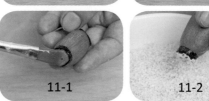

12. 取生胚以 120 度油溫慢炸至熟成,出鍋即可食用。

※ 組合及包入內餡前可先在麵皮上輕刷一層蛋白,此技法能讓餡料吃住麵皮,熟製時食材較不會溢漏、散開。

🏵 編織提包酥 〔 排 酥 〕

【材料】

油酥麵糰		水油麵糰		輔料	
低筋麵粉	300g	中筋麵粉	300g	蓮蓉餡	160g
豬油	160g	豬油	110g	紅色澄麵團	適量
		水	170g	蛋白	1 粒
		木炭粉	5g		

【作法】

1. 低筋麵粉 300g 加入豬油 160g 抻擦成油酥麵糰。

2. 中筋麵粉 300g 加入豬油 110g、水 170g、木炭粉 5g 調製成水油麵糰並揉摔上勁。

3. 將調製好之水油麵糰及油酥麵糰置放於案板上醒麵 20 分鐘。

4. 將水油麵糰擀成長方形，油酥麵糰置放於水油麵糰上面，用擀麵杖輕輕擀壓。

5. 定位中心線左右麵皮往中心線折起，並上下擀壓後再對折，左右邊修齊。

6. 用擀麵杖再擀成長方形，並重複折疊一次。

7. 將酥皮擀成長方形用刀切割成 0.3 公分的長條狀。

7-1　7-2

8. 將切割好的長條狀交叉編織成一塊酥皮。

8-1　8-2　8-3　8-4

9. 將酥皮修飾所需型態大小，塗上蛋白液包入餡料，製成提包酥生胚。

9-1　9-2　9-3

10. 將生胚以 120 度油溫慢炸，熟成後出鍋，取澄麵團妝點擺盤即可。

　　※ 澄麵糰製作方式請參考「米調麵糰」。

※ 組合及包入內餡前可先在麵皮上輕刷一層蛋白，此技法能讓餡料吃住麵皮，熟製時食材較不會溢漏、散開。

蓮藕酥　排酥

【材料】

油酥麵糰		水油麵糰		輔料	
低筋麵粉	150g	中筋麵粉	150g	蓮蓉餡	120g
豬油	80g	豬油	50g	海苔條	少許
		水	80g	蛋白	1 粒

【作法】

1. 低筋麵粉 150g 加入豬油 80g 抻擦成油酥麵糰。

2. 中筋麵粉 150g 加入豬油 50g、水 80g 調製成水油麵糰。

3. 將調製好之水油麵糰及油酥麵糰置放於案板上醒麵 10 分鐘。

4. 將水油麵糰擀成長方形，油酥麵糰置放於水油麵糰上面，用擀麵杖輕輕擀壓。

5. 定位中心線左右麵皮往中心線折起，並上下擀壓後再對折，左右邊修齊。

6. 用擀麵杖再擀成長方形，並重複摺疊一次，完成後擀 48 公分之長方形。

7. 將長方片切割成 8 片，每片 6 公分並互疊起，封上保鮮膜以刀麵輕拍兩面後，放入冷凍冰箱靜置 20 分鐘。

8. 將酥皮修飾所需形態大小。

9. 酥皮塗上蛋白液，包入內餡，順長捲起，搓成兩端不同粗細形態。

10. 生胚塗上蛋白液，黏上海苔條。

11. 取生胚以 120 度油溫慢炸至熟成後出鍋擺盤即可。

※ 組合及包入內餡前可先在麵皮上輕刷一層蛋白，此技法能讓餡料吃住麵皮，熟製時食材較不會溢漏、散開。

🐚 鮑魚酥

（ 排　酥 ）

【 材 料 】

油酥麵糰		水油麵糰		輔料	
低筋麵粉	300g	中筋麵粉	300g	鮑魚叉燒餡	160g
豬油	160g	豬油	110g	蛋白	1 粒
		水	170g		

【 作 法 】

1. 低筋麵粉 300g 加入豬油 160g 抻擦成油酥麵糰。

2. 中筋麵粉 300g 加入豬油 110g、水 170g 調製成水油麵糰並揉捽上勁。

3. 將調製好之水油麵糰及油酥麵糰置放於案板上醒麵 20 分鐘。

4. 將水油麵糰擀成長方形，油酥麵糰置放於水油麵糰上面，用擀麵杖輕輕擀壓。

5. 定位中心線左右麵皮往中心線折起，並上下擀壓後再對折，左右邊修齊。

6. 用擀麵杖再擀成長方形，並重複折疊一次。

7. 將酥皮擀製成長方片，切割並互疊起放入冷凍冰箱靜置 40 分鐘。

8. 取凍好酥皮切成斜刀薄片，酥層向上，將酥皮再擀大一些。

9. 將酥皮修飾所需型態大小，用不鏽鋼模壓蓋出二片酥皮和二個馬蹄型酥皮 (U 型)。

10. 取酥皮刷上蛋白液，包入餡料覆蓋上另一張酥皮周圍捏緊，鮑魚酥生胚周圍捏製出花邊。

11. 沾上蛋白液再貼上馬蹄型酥皮 (U 型) 並將花邊包住。

12. 將鮑魚酥生胚以 120 度油溫慢炸至熟成，出鍋即可食用。

※ 組合及包入內餡前可先在麵皮上輕刷一層蛋白，此技法能讓餡料吃住麵皮，熟製時食材較不會溢漏、散開。

🌀 彌勒福袋酥 　　排酥

【材料】

油酥麵糰		水油麵糰		輔料	
低筋麵粉	300g	中筋麵粉	300g	堅果蓮蓉餡	160g
豬油	160g	豬油	110g	海苔條	適量
		水	170g	咖啡色澄麵團	適量
		梔子粉	6g	蛋白	1 粒
				白芝麻	適量

【作法】

1. 低筋麵粉 300g 加入豬油 160g 抻擦成油酥麵糰。

2. 中筋麵粉 300g 加入豬油 110g、水 170g、梔子粉 6g 調製成水油麵糰並揉搓上勁。

3. 將調製好之水油麵糰及油酥麵糰置放於案板上醒麵 20 分鐘。

4. 將水油麵糰擀成長方形，油酥麵糰置放於水油麵糰上面，用擀麵杖輕輕擀壓。

5. 定位中心線左右麵皮往中心線折起，並上下擀壓後再對折，左右邊修齊。

6. 用擀麵杖再擀成長方形，並重複折疊一次。

7. 將酥皮擀製成長方片，切割並互疊起放入冷凍冰箱靜置 40 分鐘。

8. 取凍好酥皮切成斜刀薄片，酥層向上，將酥皮再擀大一些。

9. 將酥皮修飾所需型態大小，酥皮周圍塗上蛋白液。

9-1

9-2

10. 包入餡料，順長捲起。

10-1

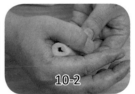
10-2

11. 一端收口捏緊，塗上蛋白液沾上白芝麻，另一端則以海苔條黏上。

11-1

11-2

11-3

12. 將生胚以 120 度油溫慢炸至熟成後出鍋。

13. 澄麵團製成繩帶妝點即可擺盤。　※ 澄麵糰製作方式請參考「米調麵糰」。

※ 組合及包入內餡前可先在麵皮上輕刷一層蛋白，此技法能讓餡料吃住麵皮，熟製時食材較不會溢漏、散開。

🌸 扇貝酥　　　　　[捲 酥]

【材料】

油酥麵糰		水油麵糰		輔料	
低筋麵粉	150g	中筋麵粉	150g	海鮮蝦餡	160g
豬油	80g	豬油	50g	蛋白	1 粒
		水	80g		

【作法】

※ 組合及包入內餡前可先在麵皮上輕刷一層蛋白，此技法能讓餡料吃住麵皮，熟製時食材較不會溢漏、散開。

1. 低筋麵粉 150g 加入豬油 80g 抻擦成油酥麵糰。

2. 中筋麵粉 150g 加入豬油 50g、水 80g 調製成水油麵糰並揉摔上勁。

3. 將調製好之水油麵糰及油酥麵糰製案板上醒麵 10 分鐘。

4. 將水油麵糰擀成長方形，油酥麵糰置放於水油麵糰上面位置，用擀麵杖輕輕擀壓。

5. 定位中心線左右麵皮往中心線折起，並上下擀壓後再對折。

6. 用擀麵杖再擀成長方形並重複折疊一次。

7. 麵皮擀成長片並順長邊捲成圓柱狀，鬆弛 10~15 分鐘。

8. 圓柱用刀切成一塊塊圓形薄片約 0.5cm。

9. 酥皮擀製大一些，以不銹鋼模蓋取所需大小。

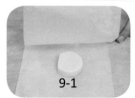
9-1

9-2

9-3

9-4

10. 酥皮刷上蛋白液包入餡料後對折。

10-1

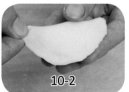
10-2

11. 對摺邊捏製麻繩花邊。

11

12. 將生胚以油溫 120 度慢炸，熟成後即可出鍋。

12

荷花酥

疊　酥

【材料】

油酥麵糰

低筋麵粉	300g
酥油	160g

水油麵糰

中筋麵粉	150g
酥油	50g
水	80g
甜菜根粉	5g

水油麵糰

中筋麵粉	150g
酥油	50g
水	80g

輔料

蓮蓉餡	200g
白芝麻	適量
蛋白	1 粒
紅藜麥	少許

【作法】

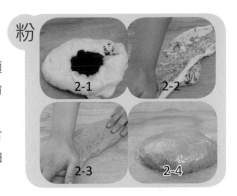

1. 低筋麵粉 300g 加入酥油 160g 抻擦成油酥麵糰，均分兩份，其中一份與少許的甜菜根粉混合成淺粉色油酥麵糰。

2. 中筋麵粉 150g 加入酥油 50g、水 80g 先混合成糰，再加入甜菜根粉 5g 調製成粉紅色水油麵糰並揉摔上勁，另一份同上述製做。

3. 將調製好之水油麵糰及油酥麵糰置放於案板上醒麵 10 分鐘。

4. 將水油麵糰擀成長方形油酥麵糰置放於水油麵糰上面，用擀麵杖輕輕擀壓。

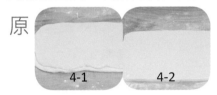

5. 定位中心線左右麵皮往中心線折起，並上下擀壓後再對折。

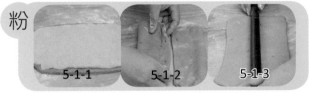

6. 用擀麵杖再擀製成長方形並重複折疊一次，另一水油麵皮亦同做法。

7. 兩塊水油麵皮分別擀成所需形態噴水並互疊在一起，再擀至適當厚薄。

8. 取不鏽鋼原模蓋出酥皮，擀薄後包入餡料收口，收口處刷蛋白，放置於冷凍冰箱 10 分鐘。

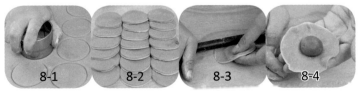

9. 底部沾適量蛋白，沾上白芝麻，將生胚酥皮從上割出 6 道花瓣。

10. 將荷花酥生胚以 120 度油溫慢炸熟成，出鍋妝點擺盤。

※ 組合及包入內餡前可先在麵皮上輕刷一層蛋白，此技法能讓餡料吃住麵皮，熟製時食材較不會溢漏、散開。

發酵麵糰

✿ 香菇包

【材料】

麵皮	
中筋麵粉	300g
糖粉	30g
酵母	5g
泡打粉	5g
豬油	10g
鮮奶	160g

輔料	
可可粉	30g
顆粒紅豆餡	180g

【作法】

1. 將麵皮材料全部倒入攪拌機內打勻至光滑備用。

2. 下劑子擀成圓片，包入餡料。

3. 生胚噴水沾上可可粉。

4. 生胚收口朝下，頂部切割十字靜待發酵。

5. 取一部分的麵糰搓成長條，製作圓柱形的香菇蒂頭。

6. 將香菇包子和蒂頭分別蒸過再組合。

酥皮叉燒包

【材料】

麵皮		酥皮		餡料	
中筋麵粉	300g	奶油	142g	叉燒肉餡	600g
低筋麵粉	75g	細砂糖	142g		
酵母	5g	低筋麵粉	142g		
細砂糖	75g	豬油	142g		
豬油	50g	蛋	30g		
蛋	1 粒	小蘇打粉	1.5g		
水	120g	泡打粉	1.5g		

【作法】

1. 將麵皮材料全部倒入攪拌機內打勻至光滑不黏手。

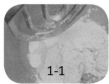

2. 下劑子擀成圓片，包入餡料，收口朝下。

3. 將酥皮的食材全部置於鋼盆中打勻。

4. 發酵完成於叉燒包頂部 1/3 處以畫圓的方式擠上酥皮。
   ※ 顏色可自由調製。

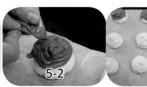

5. 以上火 180 度，下火 150 度，烤約 10 分鐘即可出爐。

壽桃

【材料】

麵皮		輔料	
中筋麵粉	300g	烏豆沙	180g
糖粉	30g	綠色澄麵糰	適量
酵母	5g	甜菜根粉	適量
泡打粉	5g		
豬油	20g		
鮮奶	150g		

【作法】

1. 將麵皮材料全部倒入攪拌機內打勻至光滑備用。

2. 下劑子擀成圓片,包入餡料。

3. 取生胚用梳子製作出桃子的形狀。

4. 綠色澄麵糰捏成葉子形態沾在桃子上。　※ 綠色澄麵糰可參考「米調麵糰」作法。

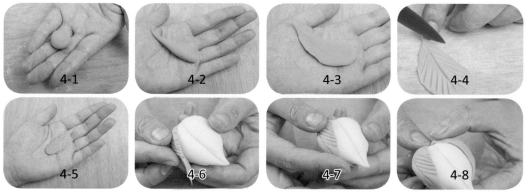

5. 待發酵後上籠蒸約 5 分鐘。

6. 將蒸製完成的壽桃刷上紅色,再蒸 1 分鐘即可。

睡蓮包

【材料】

麵皮		輔料	
中筋麵粉	300g	棗泥餡	180g
糖粉	30g	甜菜根粉	少許
酵母	5g		
泡打粉	5g		
豬油	10g		
水	160g		

【作法】

1. 將麵皮材料全部倒入攪拌機內打勻至光滑備用。

2. 下劑子擀成圓片，包入餡料。

3. 使用剪刀剪出蓮花花瓣。

   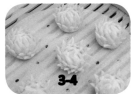

4. 靜置發酵後蒸 8 分鐘。

5. 刷子沾上甜菜根粉刮出粉末即可。

🥟 酸菜鴨肉包

【材料】

麵皮	
中筋麵粉	600g
糖粉	112g
高級白油	75g
泡打粉	11g
乾酵母	7.5g
鮮奶	112g
水	112g
冰塊	37.5g

輔料	
鴨肉餡	250g
麵包粉	適量
麵糊	適量

【作法】

1. 將麵皮材料全部倒入攪拌機內打勻至光滑備用。

2. 麵糰搓成長條下劑子擀成圓片，包入餡料。

2-1　2-2　2-3　2-4

3. 待發酵後蒸 3 分鐘。

3

4. 包子刷上麵糊沾上麵包粉。

 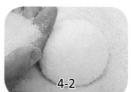

4-1　4-2

5. 起油鍋，以油溫 120 度炸至金黃色即可。

5-1　5-2　5-3

蔥燒包

【材料】

麵皮

中筋麵粉	500g
黃豆粉	10g
糖	40g
豬油	20g
水	200g
酵母	2g
溫水	50g
老麵	50g

餡料

前腿肉	400g
蔥薑汁	50g
醬油	25g
大地魚粉	8g
黑胡椒粉	3g
五香粉	2g
油蔥酥	20g
蔥花	100g
豬油	少許

麵粉水

低筋麵粉	20g
水	400g
白醋	15g
香油	5g

輔料

黑芝麻	少許

【作法】

1. 先將老麵麵糰製作完成。

2. 將麵皮材料混合均勻,再加入步驟1拌勻後鬆弛,將餡料材料切細,全部混合均勻備用。

3. 下劑子包入餡料捏製收口靜置 15 分鐘。

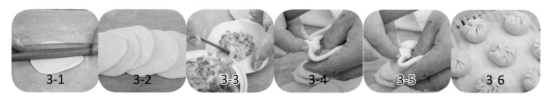

4. 調製麵粉水。

5. 起油鍋下少許油,排入蔥燒包生胚稍煎一下。

6. 將麵粉水加入鍋中,以中小火煎煮至熟成,盛盤撒上黑芝麻即可。

※ 老麵製作

1. 中筋麵粉 50g、冷水 40g、酵母 1g 拌勻醒麵 90 分鐘,

2. 中筋麵粉 50g、冷水 40g 拌勻,再拌入上述之麵糰即成老麵。

🐾 刺蝟包

【材料】

麵皮	
中筋麵粉	300g
糖粉	30g
酵母	5g
泡打粉	5g
豬油	10g
鮮奶	160g

輔料	
核桃餡	180g
黑芝麻	少許
蛋白	1 粒

【作法】

1. 將麵皮材料全部倒入攪拌機內打勻至光滑備用。

2. 麵糰搓成長條下劑子擀成圓片，包入餡料。

2

3. 使用剪刀剪出嘴巴及身體型態。

3

4. 取黑芝麻沾上蛋白裝飾眼睛，靜置發酵。

4-1

4-2

5. 將發酵完成之刺蝟包蒸約 8 分鐘即可。

🌰 榴槤包

【材料】

麵皮		輔料	
中筋麵粉	300g	榴槤餡	180g
糖粉	30g	綠色澄麵糰	適量
酵母	5g	蛋白	1 粒
泡打粉	5g		
豬油	10g		
鮮奶	160g		

【作法】

1. 將麵皮材料全部倒入攪拌機內打勻至光滑備用。

2. 下劑子擀成圓片，壓出顆粒花紋。

2-1

2-2

2-3

3. 包入餡料，生胚頂部刷上蛋白液。

4

4. 將綠色澄麵糰捏成蒂頭形態。
   ※ 綠色澄麵糰可參考「米調麵糰」作法。

5. 將榴槤和蒂頭以蛋白液組合，蒸熟即可。

5-1

5-2

5-3

米調麵糰

　　揚州麵塑看盤（又名船點）歷史悠久，聲名遠播，在揚州船宴上，船娘們捏製出形態美觀、小巧玲瓏的麵製花作為船宴上的小吃，捏製內容從花鳥魚蟲到乾鮮果品，精美的麵塑不僅好吃又好玩，其吉祥的韻味也深受人們喜愛。

　　在後來，船點演變為只供欣賞、食用的看盤，並出現於訂婚、作壽、廟會和祭祖時的供品。

　　揚洲麵塑船點基礎深厚，淳樸自然，大俗大雅，不僅展現出一幅幅生動的民俗畫卷，更記錄下揚洲人過往歲月的生活方式、審美情趣和價值取向。對揚州人而言，麵塑不僅是一門技藝，它同時也代表著揚洲人的傳承記憶，帶著歲月的積累，款款走入人們的視野中。

【主麵皮示意圖】

1. 將澄麵粉、太白粉、糖粉混合均勻。

2. 淨開水燒開，溫度需 90 度以上。

3. 將淨開水（熱）淋入步驟 1 粉類中，
　 拌成雪花片。

4. 手抹適量豬油避免燙傷，將麵糰揉製成三光狀態。

★顏色調製須知：
　於步驟 4 添加天然色粉，建議一開始先少量加入，再依需求慢慢調整麵糰深淺。

【技法示意圖】

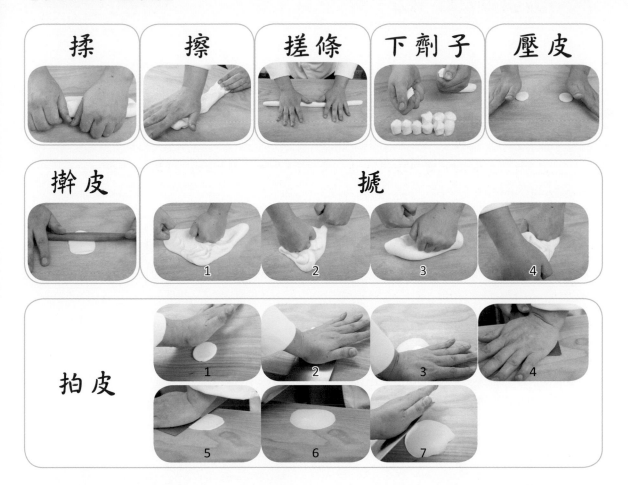

【顏色示意圖】

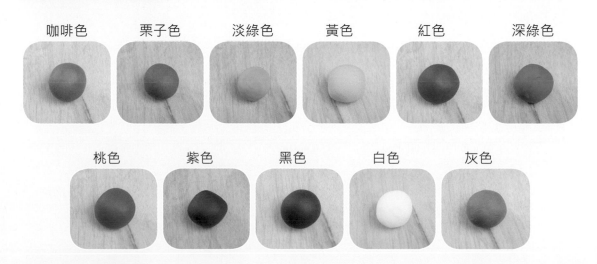

❀ 小黃瓜

【材料】

麵皮	
澄麵粉	200g
太白粉	30g
糖粉	15g
豬油	5g
淨開水	350g

【作法】

1. 將澄麵粉、太白粉、糖粉混合均勻。

2. 淨開水燒開，溫度需 90 度以上。

3. 將淨開水（熱）淋入步驟 1 粉類中，拌成雪花片。

4. 手抹適量豬油避免燙傷，將麵糰揉製成三光狀態，添加天然色粉，建議一開始先少量加入，再依需求慢慢調整麵糰深淺。

5. 混合綠、黑色澄麵糰。

6. 以掌丘壓出小黃瓜主體。

6-1

6-2

7. 搓出綠色蒂頭；黃色麵糰壓出圓片，以麵塑工具壓出花形，與小黃瓜主體組合。

7

8. 牙籤戳出小黃瓜紋路。

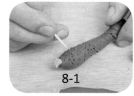
8-1

8-2

9. 取生胚放入蒸籠中，以大火蒸 4 分鐘即可。
   ※ 組合時建議以蛋白黏合，熟製才不易脫落變形。

9

蝶豆花鮮蝦餃

【材料】

麵皮		蝦漿餡			
澄麵粉	200g	草蝦仁	550g	雞粉	5g
太白粉	30g	白表粒	65g	白糖	15g
豬油	5g	豬油	20g	胡椒粉	適量
蝶豆花水	350g	鹽	3g	香油	適量
鹽	2g	味素	5g	太白粉	15g

【作法】

※ 將餡料所有材料切細，混合均勻即可。

1. 將澄麵粉、鹽及太白粉混和後放入容器。

2. 煮開蝶豆花水，沖入步驟 1 攪拌均勻。

3. 加入豬油搓揉至麵皮光滑。

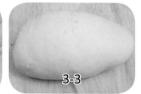

4. 下劑子，每顆約 12g，拍出圓皮後包入餡料。
（參考「拍皮」技法）

5. 捏製花邊，放入蒸籠中，以大火蒸 5 分鐘即可。

小魚兒

【材料】

麵皮
澄麵粉	200g
太白粉	30g
糖粉	15g
豬油	5g
淨開水	350g

【作法】

1. 將澄麵粉、太白粉、糖粉混合均勻。

2. 淨開水燒開，溫度需 90 度以上。

3. 將淨開水（熱）淋入步驟 1 粉類中，拌成雪花片。

4. 手抹適量豬油避免燙傷，將麵糰揉製成三光狀態，添加天然色粉，建議一開始先少量加入，再依需求慢慢調整麵糰深淺。

5. 將紅色澄麵糰壓出魚身主體，麵塑工具戳出魚嘴。

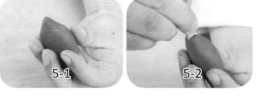

6. 掌丘壓出魚尾，切兩刀切出魚尾形狀，以兩指指腹塑形弧度，麵塑工具壓出魚尾紋路。

7. 以麵塑工具加強魚嘴形狀。

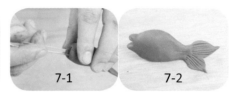

8. 花夾夾出背鰭，麵塑工具加強背鰭區間。

9. 麵塑工具橫著切出魚鰓（製造出細到寬的視覺質感），花夾壓出魚鱗。

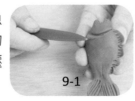

10. 夾出魚鰭，將黑、白澄麵糰組合成眼睛，最後與魚身組合。

11. 取生胚放入蒸籠中，以大火蒸 4 分鐘即可。
　　※ 組合時建議以蛋白黏合，熟製才不易脫落變形。

🏵 牡丹花

【材料】

麵皮	
澄麵粉	200g
太白粉	30g
糖粉	15g
豬油	5g
淨開水	350g

【作法】

1. 將澄麵粉、太白粉、糖粉混合均勻。

2. 淨開水燒開，溫度需 90 度以上。

3. 將淨開水（熱）淋入步驟 1 粉類中，拌成雪花片。

4. 手抹適量豬油避免燙傷，將麵糰揉製成三光狀態，添加天然色粉，建議一開始先少量加入，再依需求慢慢調整麵糰深淺。

5. 混合紅、白色澄麵糰。

5

6. 麵糰搓一水滴狀長條，切 12 段。

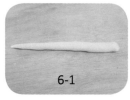
6-1

6-2

7. 12 份麵糰每份搓圓壓扁，以大拇指推出花瓣紋路。

7-1

7-2

8. 搓一水滴狀麵糰做為中心，花瓣由小至大依序貼上。

8-1

8-2

9. 取綠色澄麵糰搓成水滴狀壓扁，以麵塑工具壓出葉脈，製作三塊後組合為花萼。

9-1

9-2

10. 花朵底部切平，與花萼組合。

10

11. 取生胚放入蒸籠中，以大火蒸 4 分鐘即可。

　　※ 組合時建議以蛋白黏合，熟製才不易脫落變形。

11

金鈴子

【材料】

麵皮

澄麵粉	200g
太白粉	30g
糖粉	15g
豬油	5g
淨開水	350g

裝飾食材

櫻桃蒂頭	適量
紅藜麥	少許

【作法】

1. 將澄麵粉、太白粉、糖粉混合均勻。

2. 淨開水燒開，溫度需 90 度以上。

3. 將淨開水（熱）淋入步驟 1 粉類中，拌成雪花片。

4. 手抹適量豬油避免燙傷，將麵糰揉製成三光狀態，添加天然色粉，建議一開始先少量加入，再依需求慢慢調整麵糰深淺。

5. 充分混合紅、白、黃澄麵糰。

6. 將橘、綠澄麵糰稍微混合（不可完全融合，橘中要帶綠）搓成紅蘿蔔形狀。

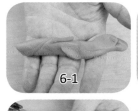
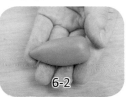

7. 以剪刀剪出金鈴子紋路。

8. 於尾部中間切一刀，以櫻桃蒂頭裝飾頂部。

9. 取生胚放入蒸籠中，以大火蒸 4 分鐘以紅藜麥裝飾即可。

🌸 紅玫瑰

【材料】

麵皮	
澄麵粉	200g
太白粉	30g
糖粉	15g
豬油	5g
淨開水	350g

【作法】

1. 將澄麵粉、太白粉、糖粉混合均勻。

2. 淨開水燒開，溫度需 90 度以上。

3. 將淨開水（熱）淋入步驟 1 粉類中，拌成雪花片。

4. 手抹適量豬油避免燙傷，將麵糰揉製成三光狀態，添加天然色粉，建議一開始先少量加入，再依需求慢慢調整麵糰深淺。

5. 紅色澄麵糰搓一水滴狀長條，切 12 段。

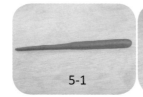
5-1

5-2

5-3

6. 12 份麵糰每份搓圓壓扁。

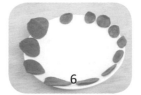
6

7. 搓一水滴狀麵糰做為中心，花瓣由小至大依序貼上，每片花瓣貼上後稍微外翻，做出花朵嬌嫩的感覺。

7-1

7-2

7-3

8. 取綠色澄麵糰搓成水滴狀壓扁，以麵塑工具壓出葉脈，製作數塊後組合為花萼。

8-1

8-2

9. 花朵底部切平，與花萼組合。

9

10. 取生胚放入蒸籠中，以大火蒸 4 分鐘即可。

※組合時建議以蛋白黏合，熟製才不易脫落變形。

10

🐢 茄子

【材料】

麵皮	
澄麵粉	200g
太白粉	30g
糖粉	15g
豬油	5g
淨開水	350g

【作法】

1. 將澄麵粉、太白粉、糖粉混合均勻。

2. 淨開水燒開，溫度需 90 度以上。

3. 將淨開水（熱）淋入步驟 1 粉類中，拌成雪花片。

4. 手抹適量豬油避免燙傷，將麵糰揉製成三光狀態，添加天然色粉，建議一開始先少量加入，再依需求慢慢調整麵糰深淺。

5. 混合紫、綠色澄麵糰（不可完全融合，紫中要帶綠），搓成茄子主體。

5-1

5-2

6. 綠色澄麵糰搓三小條，組合成「＊」字狀，即為蒂頭。

6

7. 將蒂頭與茄子主體組合，以兩指指腹捏出蒂頭。

7-1

7-2

7-3

8. 取生胚放入蒸籠中，以大火蒸 4 分鐘即可。
   ※組合時建議以蛋白黏合，熟製才不易脫落變形。

8

 香蕉

【材料】

麵皮	
澄麵粉	200g
太白粉	30g
糖粉	15g
豬油	5g
淨開水	350g

【作法】

1. 將澄麵粉、太白粉、糖粉混合均勻。
2. 淨開水燒開，溫度需 90 度以上。
3. 將淨開水（熱）淋入步驟 1 粉類中，拌成雪花片。
4. 手抹適量豬油避免燙傷，將麵糰揉製成三光狀態，添加天然色粉，建議一開始先少量加入，再依需求慢慢調整麵糰深淺。

5. 混合黃、綠、栗子色澄麵糰。（不可完全融合，黃中要帶綠）

5-1　5-2

6. 麵糰揉製成長條狀，切成 5 等份。

6

7. 搓出香蕉形狀，立體菱面以麵塑工具輔助壓出。

7

8. 搓一綠色澄麵糰包裹香蕉頂部，底部沾取適量可可粉。

8

9. 綠色澄麵糰搓一長條，以牙籤壓出生長點，與香蕉組合。

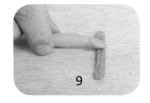
9

10. 將多餘部分切除即可。

10-1

10-2

10-3

11. 取生胚放入蒸籠中，以大火蒸 4 分鐘即可。
　　※ 組合時建議以蛋白黏合，熟製才不易脫落變形。

11

海棠果

【材料】

麵皮	
澄麵粉	200g
太白粉	30g
糖粉	15g
豬油	5g
淨開水	350g

裝飾食材	
櫻桃蒂頭	適量

【作法】

1. 將澄麵粉、太白粉、糖粉混合均勻。

2. 淨開水燒開，溫度需 90 度以上。

3. 將淨開水（熱）淋入步驟 1 粉類中，拌成雪花片。

4. 手抹適量豬油避免燙傷，將麵糰揉製成三光狀態，添加天然色粉，建議一開始先少量加入，再依需求慢慢調整麵糰深淺。

5. 混合黃、綠、紅澄麵糰。

6. 麵糰搓圓，以食指輕壓頂端，與櫻桃蒂頭組合。

9. 取生胚放入蒸籠中，以大火蒸 4 分鐘即可。

草莓

【材料】

麵皮	
澄麵粉	200g
太白粉	30g
糖粉	15g
豬油	5g
淨開水	350g

【作法】

1. 將澄麵粉、太白粉、糖粉混合均勻。

2. 淨開水燒開，溫度需 90 度以上。

3. 將淨開水（熱）淋入步驟 1 粉類中，拌成雪花片。

4. 手抹適量豬油避免燙傷，將麵糰揉製成三光狀態，添加天然色粉，建議一開始先少量加入，再依需求慢慢調整麵糰深淺。

5. 將紅色澄麵糰搓成水滴狀錐形。

6. 綠色澄麵糰搓三小條，組合成「米」字狀，即為綠葉。

7. 以麵塑工具組合蒂頭至草莓主體。

8. 以牙籤戳出草莓表面凹洞，整理蒂頭葉片擺放角度。

9. 取生胚放入蒸籠中，以大火蒸 4 分鐘即可。
　　※ 組合時建議以蛋白黏合，熟製才不易脫落變形。

妃子笑

【材料】

麵皮	
澄麵粉	200g
太白粉	30g
糖粉	15g
豬油	5g
淨開水	350g

裝飾食材	
櫻桃蒂頭	適量

【作法】

1. 將澄麵粉、太白粉、糖粉混合均勻。

2. 淨開水燒開，溫度需 90 度以上。

3. 將淨開水（熱）淋入步驟 1 粉類中，拌成雪花片。

4. 手抹適量豬油避免燙傷，將麵糰揉製成三光狀態，添加天然色粉，建議一開始先少量加入，再依需求慢慢調整麵糰深淺。

5. 混合白、綠色澄麵糰。　6. 淡綠色包入紅色澄麵糰中。(不可完全融合，綠中要帶紅)

7. 麵糰搓圓，以食指輕壓頂端，與櫻桃蒂頭組合。

8. 牙籤戳出荔枝表面質感。

9. 取生胚放入蒸籠中，以大火蒸 4 分鐘即可。

🌐 梨山蘋果

【材料】

麵皮

澄麵粉	200g
太白粉	30g
糖粉	15g
豬油	5g
淨開水	350g

餡料

蘋果丁	180g
奶粉	19g
吉士粉	57g
玉米粉	57g
低筋麵粉	75g
白糖	113g
雞蛋	5 顆
三花奶水	200g

淨水	206g
沙拉油	75g
乳瑪琳	113g

裝飾食材

櫻桃蒂頭	適量
紅麴粉水	少許

【作法】

※ 將餡料所有材料切細，混合均勻即可。

1. 將澄麵粉、太白粉、糖粉混合均勻。

2. 淨開水燒開，溫度需 90 度以上。

3. 將淨開水（熱）淋入步驟 1 粉類中，拌成雪花片。

4. 手抹適量豬油避免燙傷，將麵糰揉製成三光狀態，添加天然色粉，建議一開始先少量加入，再依需求慢慢調整麵糰深淺。

5. 混合綠、紅、黃澄麵糰。（不可完全融合，綠中要帶紅）

6. 麵糰以手掌壓扁，包入內餡，以食指輕壓頂端，與櫻桃蒂頭組合；表面畫上適量紅麴粉水，做為蘋果成熟的漸層。

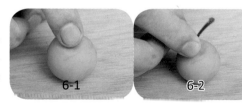

7. 取生胚放入蒸籠中，以大火蒸 4 分鐘即可。

鄉村南瓜

【材料】

麵皮

澄麵粉	200g
太白粉	30g
糖粉	15g
豬油	5g
淨開水	350g

【作法】

1. 將澄麵粉、太白粉、糖粉混合均勻。

2. 淨開水燒開，溫度需 90 度以上。

3. 將淨開水（熱）淋入步驟 1 粉類中，拌成雪花片。

4. 手抹適量豬油避免燙傷，將麵糰揉製成三光狀態，添加天然色粉，建議一開始先少量加入，再依需求慢慢調整麵糰深淺。

5. 混合黃、紅色澄麵糰，搓成圓形。　　6. 以麵塑工具壓出南瓜形狀，食指輕壓頂端。

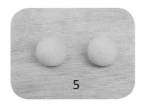

7. 麵塑工具加深蒂頭接點，搓一栗子色蒂頭與南瓜組合。

8. 綠色澄麵糰搓一圓球壓扁，以麵塑工具壓出葉脈。

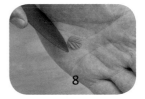

9. 搓一綠色澄麵糰捲成捲狀，與南瓜組合。

10. 將葉片與南瓜組合。

11. 取生胚放入蒸籠中，以大火蒸 4 分鐘即可。
　　※ 組合時建議以蛋白黏合，熟製才不易脫落變形。

🌰 楊桃

【材 料】

麵皮	
澄麵粉	200g
太白粉	30g
糖粉	15g
豬油	5g
淨開水	350g

【作 法】

1. 將澄麵粉、太白粉、糖粉混合均勻。

2. 淨開水燒開，溫度需 90 度以上。

3. 將淨開水（熱）淋入步驟 1 粉類中，拌成雪花片。

4. 手抹適量豬油避免燙傷，將麵糰揉製成三光狀態，添加天然色粉，建議一開始先少量加入，再依需求慢慢調整麵糰深淺。

5. 混合黃、白、綠色澄麵糰，搓成圓形。
（不可完全融合，綠中要帶黃）

5-1

5-2

6. 搓成橄欖狀，兩指指腹捏出立體五角。

6-1

6-2

7. 以麵塑工具戳壓頂端，再輕輕戳出楊桃表面質感。

7-1

7-2

7-3

8. 取生胚放入蒸籠中，以大火蒸 4 分鐘即可。

8

蜂巢芋頭餃

【材料】

餃皮	
芋頭	600g
豬油	600g
澄麵糰（燙）	480g
澄麵粉（生）	480g

餃皮調味料	
白細糖	37.5g
臭粉	少許
五香粉	少許
鹽	12g
味素	15g
胡椒粉	少許
香油	少許

餡料	
後腿肉	300g
筍丁	150g
蝦仁	110g
香菇丁	75g
蔥花	50g
香菜末	90g

餡料調味料	
鹽	3g
味素	5g
醬油	12g
蠔油	30g
胡椒粉	少許
香油	25g
太白粉	適量

【作法】

※將餡料所有材料切細混合均勻即可。

1. 芋頭去皮洗淨切片，蒸熟後打成芋泥。

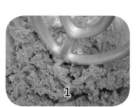

2. 芋泥加入燙熟的澄麵糰續打，加入所有調味料繼續攪拌。

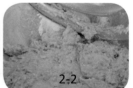

3. 加入澄麵粉(生)續打，分三次加入豬油攪拌。

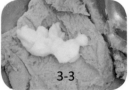

4. 靜置冷藏 12 小時即成芋餃皮。

5. 搓長條切劑子，劑子每顆 25g，滾圓後壓扁包入餡料，製成水餃型態。

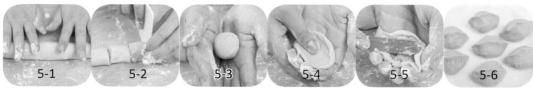

6. 起油鍋以 150 度炸至金黃即可。

　　※ 若操作時黏手，可沾取適量中筋麵粉做為手粉。

鴛鴦

【材料】

麵皮

澄麵粉	200g
太白粉	30g
糖粉	15g
豬油	5g
淨開水	350g

裝飾食材

黑芝麻	適量

【作法】

1. 將澄麵粉、太白粉、糖粉混合均勻。

2. 淨開水燒開,溫度需 90 度以上。

3. 將淨開水(熱)淋入步驟 1 粉類中,拌成雪花片。

4. 手抹適量豬油避免燙傷,將麵糰揉製成三光狀態,添加天然色粉,建議一開始先少量加入,再依需求慢慢調整麵糰深淺。

5. 白色澄麵糰搓成梨形,以掌丘壓出尾部形狀。　6. 麵塑工具壓出尾羽,兩指捏出鳥頭方向。

5-1　5-2　6-1　6-2

7. 栗子色澄麵糰捏成水滴狀壓扁,以麵塑工具切、壓出羽毛形態,與鴛鴦組合。

7-1　7-2　7-3　7-4

8. 混合白、黃、綠、紅、栗子色澄麵糰。(不可完全融合)　9. 麵糰分為四等份,每份搓成水滴形壓扁,與鴛鴦組合,成為翅膀。

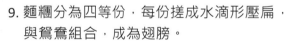

8-1　8-2　9-1　9-2

10. 將紅色澄麵糰捏成鳥嘴狀,與鴛鴦組合。　11. 取黃、綠、紅、栗子色澄麵糰搓成細長水滴狀,組合成鴛鴦頭冠,以黑芝麻點綴眼睛,花夾壓出羽毛形態。

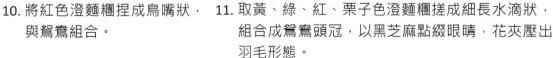

10　11-1　11-2

12. 取生胚放入蒸籠中,以大火蒸 4 分鐘即可。

※ 組合時建議以蛋白黏合,熟製才不易脫落變形。

12

🎴 關廟鳳梨

【材料】

麵皮

澄麵粉	200g
太白粉	30g
糖粉	15g
豬油	5g
淨開水	350g

裝飾食材

黑芝麻	適量

【作法】

1. 將澄麵粉、太白粉、糖粉混合均勻。

2. 淨開水燒開,溫度需 90 度以上。

3. 將淨開水(熱)淋入步驟 1 粉類中,拌成雪花片。

4. 手抹適量豬油避免燙傷,將麵糰揉製成三光狀態,添加天然色粉,建議一開始先少量加入,再依需求慢慢調整麵糰深淺。

5. 將白、綠、黃色澄麵糰混合,搓成圓柱狀。

5-1

5-2

6. 綠色澄麵糰搓成長條,組合成「米」字形。

7. 鳳梨主體切出棋盤格子狀。

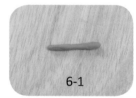
6-1

6-2

7-1

7-2

8. 刷上適量蛋白,每格中間沾上黑芝麻,注意黑芝麻方向要一致,排出來才會美觀。

8

9. 蒂頭綠葉與鳳梨主體組合,最後微調綠葉角度即可。

9

10. 取生胚放入蒸籠中,以大火蒸 4 分鐘即可。

　　※ 組合時建議以蛋白黏合,熟製才不易脫落變形。

10

櫻桃糯米糍

【材料】

麵皮		餡料		裝飾食材	
糯米漿	600g	烏豆沙	1500g	櫻桃蒂頭	適量
澄麵粉	262g			椰子粉	適量
白細糖	262g				
白油	113g				
紅麴粉	適量				

【作法】

1. 將糯米漿、澄麵粉、白細糖、白油拌勻成糰。

2. 加入紅麴粉搓揉成糰。

3. 搓成長條下劑子，劑子每顆 12g。

 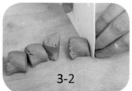

4. 壓皮後包入餡料 15g，搓圓。

5. 取生胚放入蒸籠中，以大火蒸 1 分鐘即可，蒸製後滾上椰子粉，以櫻桃蒂頭裝飾頂部。

水調麵糰

【燙麵皮】

1. 中筋麵粉、鹽混合均勻，加入熱開水拌成雪花片，灑上冷開水 30g，冷卻後揉成麵糰。
　（揉到不能再揉為止）

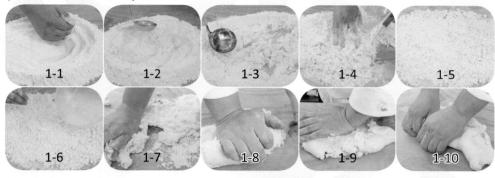

2. 麵糰置放於案板，蓋上棉布或塑膠袋醒
　麵 20 分鐘。

3. 取麵糰揉製成圓柱狀，以不銹鋼刮板切出三條，搓成長條狀下劑子，每顆劑子約
　15g，擀成圓片。

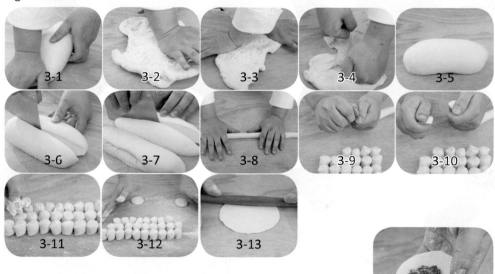

4. 圓麵皮包入餡料。（餡料僅為示意）

※ 小叮嚀

　　內餡皆可自由調整，建議初學者以稍硬的餡料做為入門（抹茶紅豆餡、棗泥餡等），熟練後再改軟餡料（比方肉餡），這樣做是因為初學者在塑形時失敗率較高，軟餡容易有爆餡的情況發生，建議練習一段時間，熟悉步驟後再挑戰軟餡料。

　　篇章示範塑形皆以軟餡、硬餡為代表，每道料理會再獨家公開老師私密配方，建議一開始先以硬餡熟悉步驟，熟練後再以餡料配方操作，成功率較大哦！

　　內餡配方使用方法：將所有材料切成末狀，與調味料混合均勻即可。

❀ 一品餃

【材料】

麵皮			裝飾食材			蛋奶素餡	
中筋麵粉	300g		蝦仁丁	適量		青江菜	1000g
熱開水	150g		香菇丁	適量		腐竹	50g
冷開水	30g		豆眼	適量		橄欖菜	10g
鹽	2g					香菇	60g
						素肉燥	150g
						紅蘿蔔	30g
						薑	10g
						蛋	2顆
						白油	50g
						香油	10g
						太白粉	30g
						味素	5g
						胡椒粉	2g
						鹽	2g

【作法】　※ 內餡配方使用方法：
將所有材料切成末狀，與調味料混合均勻即可。

1. 中筋麵粉、鹽混合均勻，加入熱開水拌成雪花片，灑上冷開水 30g，冷卻後揉成麵糰。(揉到不能再揉為止)

2. 麵糰置放於案板，蓋上棉布或塑膠袋醒麵 20 分鐘。

3. 取麵糰揉製成圓柱狀，以不銹鋼刮板切出三條，搓成長條狀下劑子，每顆劑子約 15g，擀成圓片。

4. 圓麵皮包入餡料，捏製成三個窩角。

  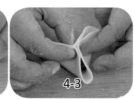

5. 將三個洞眼的邊捏成小窩，以兩指指腹塑形邊緣。

6. 外圍三個窩眼分別添入三色餡料。

 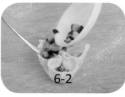  

7. 取生胚放入蒸籠中，以大火蒸 5 分鐘即可。

🌸 三寸金蓮餃

【材料】

麵皮		三色蝦肉餡			
中筋麵粉	300g	後腿里肌肉	600g	太白粉	38g
熱開水	150g	草蝦仁	600g	豬油	75g
冷開水	30g	白表粒	150g	胡蘿蔔	150g
鹽	2g	香菇粒（濕）	150g	玉米粒	150g
		白糖	38g	青豆仁	150g
		雞粉	12g	胡椒粉	少許
		味素	12g	香油	少許
		鹽	7.5g		

【作法】 ※內餡配方使用方法：將所有材料切成末狀，與調味料混合均勻即可。

1. 中筋麵粉、鹽混合均勻，加入熱開水拌成雪花片，灑上冷開水 30g，冷卻後揉成麵糰。（揉到不能再揉為止）

2. 麵糰置放於案板，蓋上棉布或塑膠袋醒麵 20 分鐘。

3. 取麵糰揉製成圓柱狀，以不銹鋼刮板切出三條，搓成長條狀下劑子，每顆劑子約 15g，擀成圓片。

4. 圓麵皮包入餡料，輕輕捏製成「Y」字型。

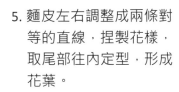
4-1

4-2

5. 麵皮左右調整成兩條對等的直線，捏製花樣，取尾部往內定型，形成花葉。

5-1

5-2

5-3

6. 麵身中心以拇指及食指指腹收口，捏製花邊。

6-1

6-2

7. 取生胚放入蒸籠中，以大火蒸 5 分鐘即可。

7

✿ 三角花餃

【材料】

麵皮		鮮蝦仁餡			
中筋麵粉	300g	草蝦仁	550g	雞粉	5g
熱開水	150g	白表粒	65g	白糖	15g
冷開水	30g	豬油	20g	胡椒粉	適量
鹽	2g	鹽	3g	香油	適量
		味素	5g	太白粉	15g

【作法】 ※ 內餡配方使用方法：將所有材料切成末狀，與調味料混合均勻即可。

1. 中筋麵粉、鹽混合均勻，加入熱開水拌成雪花片，灑上冷開水 30g，冷卻後揉成麵糰。(揉到不能再揉為止)

2. 麵糰置放於案板，蓋上棉布或塑膠袋醒麵 20 分鐘。

3. 取麵糰揉製成圓柱狀，以不銹鋼刮板切出三條，搓成長條狀下劑子，每顆劑子約 15g，擀成圓片。

4. 圓麵皮包入餡料，折製三個等邊直線，各剪兩刀。

4-1

4-2

4-3

5. 將剪出的麵條左右擺放，形成交叉狀。

5

6. 以滾邊花夾夾出花葉，扭轉花葉。

6-1

6-2

7. 搓一圓球置於頂端。

7-1

7-2

8. 取生胚放入蒸籠中，以大火蒸 5 分鐘即可。

8

☸ 六角風輪餃

【材料】

麵皮

中筋麵粉	300g
熱開水	150g
冷開水	30g
鹽	2g

高麗鮮肉餡

高麗菜	1500g	米酒	60g
胛心肉	600g	淨水	53g
白表粒	150g	薑	60g
鹽	7g	胡椒粉	5g
白糖	8g	太白粉	45g
木魚粉	4g	黑麻油	40g
醬油	30g		

【作法】 ※ 內餡配方使用方法：將所有材料切成末狀，與調味料混合均勻即可。

1. 中筋麵粉、鹽混合均勻，加入熱開水拌成雪花片，灑上冷開水 30g，冷卻後揉成麵糰。(揉到不能再揉為止)

2. 麵糰置放於案板，蓋上棉布或塑膠袋醒麵 20 分鐘。

3. 取麵糰揉製成圓柱狀，以不銹鋼刮板切出三條，搓成長條狀下劑子，每顆劑子約 15g，擀成圓片。

4. 圓麵皮包入餡料，折製六個等邊直線。

4-1　4-2

5. 六個等邊直線各剪一刀，中心點塗抹適量蛋白，六條麵條往中心點接著固定。(蛋白作用為黏著劑)

5-1　5-2　5-3　5-4

6. 以麵塑工具輕壓中心。

7. 每一直線剪出齒狀花樣。

6　7-1　7-2

8. 取生胚放入蒸籠中，以大火蒸 5 分鐘即可。

8

🌸 月牙餃

【材料】

麵皮	
中筋麵粉	300g
熱開水	150g
冷開水	30g
鹽	2g

韭黃三鮮餡	
燒賣餡	375g
花枝漿	375g
韭黃	40g
香菜	40g
胡椒粉	適量
香油	適量

【作法】 ※內餡配方使用方法：將所有材料切成末狀，與調味料混合均勻即可。

1. 中筋麵粉、鹽混合均勻，加入熱開水拌成雪花片，灑上冷開水 30g，冷卻後揉成麵糰。(揉到不能再揉為止)

2. 麵糰置放於案板，蓋上棉布或塑膠袋醒麵 20 分鐘。

3. 取麵糰揉製成圓柱狀，以不銹鋼刮板切出三條，搓成長條狀下劑子，每顆劑子約 15g，擀成圓片。

4. 圓麵皮包入餡料，左手托住麵皮，以右手食指、拇指指腹往前左右推進，捏製花邊。

4-1

4-2

5. 由右往左捏壓，使其成為月牙形狀。

5

6. 取生胚放入蒸籠中，大火蒸 6 分鐘即可。

6

❀ 牛頭餃

【材料】

麵皮

中筋麵粉	300g
熱開水	150g
冷開水	30g
鹽	2g

咖哩雞肉餡

雞腿丁	300g	淡醬油	10g
蘋果丁	150g	白糖	10g
洋菇	150g	太白粉	適量
洋蔥	75g	米酒	適量
紅蔥頭	50g		
開洋	20g		
咖哩粉	20g		
鹽	2g		

裝飾食材

黑色澄麵糰	適量

【作法】 ※內餡配方使用方法：將所有材料切成末狀，與調味料混合均勻即可。

1. 中筋麵粉、鹽混合均勻，加入熱開水拌成雪花片，灑上冷開水 30g，冷卻後揉成麵糰。(揉到不能再揉為止)
2. 麵糰置放於案板，蓋上棉布或塑膠袋醒麵 20 分鐘。
3. 取麵糰揉製成圓柱狀，以不銹鋼刮板切出三條，搓成長條狀下劑子，每顆劑子約 15g，擀成圓片。
4. 圓麵皮包入餡料，捏製出牛頭型態。

4

5. 以麵塑工具壓出牛鼻。

5

6. 收口捏合，左右各剪一刀，將牛角方向調整自然。

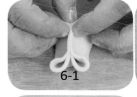
6-1

6-2

7. 以黑色澄麵糰捏製圓球，沾取適量蛋白組合牛眼。

※黑色澄麵糰可參考「米調麵糰」作法。

7-1

7-2

8. 取生胚放入蒸籠中，以大火蒸 5 分鐘即可。

8

🎑 四喜餃

【材料】

麵皮		裝飾食材		蛋奶素餡	
中筋麵粉	300g	紅甜椒丁	適量	青江菜	1000g
熱開水	150g	青豆仁	適量	腐竹	50g
冷開水	30g	蛋碎	適量	橄欖菜	10g
鹽	2g	香菇丁	適量	香菇	60g
				素肉燥	150g
				紅蘿蔔	30g
				薑	10g
				蛋	2顆
				白油	50g
				香油	10g
				太白粉	30g
				味素	5g
				胡椒粉	2g
				鹽	2g

【作法】 ※內餡配方使用方法：
將所有材料切成末狀，與調味料混合均勻即可。

1. 中筋麵粉、鹽混合均勻，加入熱開水拌成雪花片，灑上冷開水30g，冷卻後揉成麵糰。(揉到不能再揉為止)
2. 麵糰置放於案板，蓋上棉布或塑膠袋醒麵20分鐘。
3. 取麵糰揉製成圓柱狀，以不銹鋼刮板切出三條，搓成長條狀下劑子，每顆劑子約15g，擀成圓片。

4. 圓麵皮包入餡料，於中心點下方壓實呈十字狀。(需注意中心點頂端及邊角不可密合)

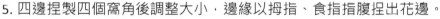

5. 四邊捏製四個窩角後調整大小，邊緣以拇指、食指指腹捏出花邊。

   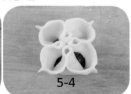

6. 分別添入四色餡料。

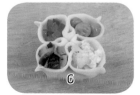

7. 取生胚放入蒸籠中，以大火蒸5分鐘即可。

🌸 白菜餃

【材料】

麵皮		花枝鮮蝦餡			
中筋麵粉	300g	花枝漿	300g	草蝦仁	540g
熱開水	150g	韭菜	200g	白表粒	60g
冷開水	30g	鹽	3.75g	太白粉	18g
鹽	2g	雞粉	6g	香油	少許
		白糖	18g	胡椒粉	少許
		豬油	18g		

【作法】 ※ 內餡配方使用方法：將所有材料切成末狀，與調味料混合均勻即可。

1. 中筋麵粉、鹽混合均勻，加入熱開水拌成雪花片，灑上冷開水 30g，冷卻後揉成麵糰。(揉到不能再揉為止)

2. 麵糰置放於案板，蓋上棉布或塑膠袋醒麵 20 分鐘。

3. 取麵糰揉製成圓柱狀，以不銹鋼刮板切出三條，搓成長條狀下劑子，每顆劑子約 15g，擀成圓片。

4

4. 圓麵皮包入餡料，折製五個等邊直線。

5. 以拇指指腹推出花葉花邊，每片花葉往左固定，全部完成後即成一朵花。

5-1

5-2

5-3

6. 取生胚放入蒸籠中，大火蒸 6 分鐘即可。

6

🌀 知了餃

【材料】

麵皮

中筋麵粉	300g
熱開水	150g
冷開水	30g
鹽	2g

裝飾食材

青豆仁	適量

魚翅蝦肉餡

後腿里肌肉	600g	豬油	75g
草蝦仁	600g	胡椒粉	少許
白表粒	150g	香油	少許
香菇粒（濕）	150g	白糖	38g
紅蘿蔔	150g	雞粉	12g
三星蔥	112.5g	味素	12g
香菜	112.5g	鹽	7.5g
魚翅	112.5g	太白粉	38g

【作法】 ※內餡配方使用方法：將所有材料切成末狀，與調味料混合均勻即可。

1. 中筋麵粉、鹽混合均勻，加入熱開水拌成雪花片，灑上冷開水 30g，冷卻後揉成麵糰。(揉到不能再揉為止)

2. 麵糰置放於案板，蓋上棉布或塑膠袋醒麵 20 分鐘。

3. 取麵糰揉製成圓柱狀，以不銹鋼刮板切出三條，搓成長條狀下劑子，每顆劑子約 15g，擀成圓片。

4. 圓麵皮折製成 V 型，翻面包入餡料，兩邊捏緊後留一開口。

4-1

4-2

4-3

5. 開口處輕捏成平行，以麵塑工具切兩刀，整成兩個窩口，製作出頭型洞眼。

6. 以滾邊花夾壓出翅膀花邊，將內裏麵皮翻出。

5-1

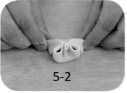
5-2

6-1

6-2

7. 以麵塑工具將洞眼撐大，放入青豆仁。

8. 取生胚放入蒸籠中，以大火蒸 5 分鐘即可。

7-1

7-2

7-3

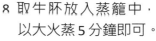

8

🐟 金魚餃

【材料】

麵皮

中筋麵粉	300g
熱開水	150g
冷開水	30g
鹽	2g

蛤蠣燒賣餡

後腿里肌肉	600g
草蝦仁	600g
白表粒	150g
香菇粒（濕）	150g
白糖	38g
雞粉	12g
味素	12g
鹽	7.5g
太白粉	38g
豬油	75g
胡蘿蔔	40g
芹菜	75g
薑茸	75g
胡椒粉	少許
香油	少許
蛤蠣	1200g
米酒	少許
薑	少許
三星蔥	少許

裝飾食材

青豆仁	適量

【作法】　※ 內餡配方使用方法：將所有材料切成末狀，與調味料混合均勻即可。

1. 中筋麵粉、鹽混合均勻，加入熱開水拌成雪花片，灑上冷開水30g，冷卻後揉成麵糰。
（揉到不能再揉為止）

2. 麵糰置放於案板，蓋上棉布或塑膠袋醒麵 20 分鐘。

3. 取麵糰揉製成圓柱狀，以不銹鋼刮板切出三條，搓成長條狀下劑子，每顆劑子約
15g，擀成圓片。

4. 圓麵皮包入餡料，捏製成魚體，以麵塑工具壓出魚眼。

5. 剪出背鰭，擀麵棍壓長尾部，切出魚尾線條。

6. 以麵塑工具壓出魚尾紋路。

7. 花夾壓出魚鱗，最後以青豆仁裝飾魚眼。

8. 取生胚放入蒸籠中，大火蒸 6 分鐘即可。

冠頂餃

【材料】

麵皮	
中筋麵粉	300g
熱開水	150g
冷開水	30g
鹽	2g

鮮肉蔬食餡			
豬絞肉	250g	熟花生粒	30g
蝦米	20g	淨水	150g
菜脯	30g	鹽	4g
紅蔥頭	30g	白糖	6g
北菇粒	30g	胡椒粉	2g
洋地瓜	60g	香油	適量
韭菜花粒	60g	太白粉	適量

【作法】 ※內餡配方使用方法：將所有材料切成末狀，與調味料混合均勻即可。

1. 中筋麵粉、鹽混合均勻，加入熱開水拌成雪花片，灑上冷開水 30g，冷卻後揉成麵糰。(揉到不能再揉為止)
2. 麵糰置放於案板，蓋上棉布或塑膠袋醒麵 20 分鐘。
3. 取麵糰揉製成圓柱狀，以不銹鋼刮板切出三條，搓成長條狀下劑子，每顆劑子約 15g，擀成圓片。

4. 圓麵皮內折三面，形成三角型。

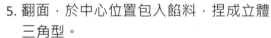

4

5. 翻面，於中心位置包入餡料，捏成立體三角型。

5-1

5-2

6. 以拇指、食指指腹左右前推，捏出花邊。

6-1

6-2

7. 將內裡麵皮翻出，以圓球裝飾頂端。

7-1

7-2

7-3

8. 取生胚放入蒸籠中，以大火蒸 5 分鐘即可。

8

🌸 飛燕餃

【材料】

麵皮		鮮五花肉餡			
中筋麵粉	300g	小臁五花	250g	薑	8g
熱開水	150g	醬油	5g	香油	3g
冷開水	30g	白糖	20g	胡椒粉	適量
鹽	2g	鹽	2g	淨水	100g
		雞粉	2g		
		三星蔥	8g		

裝飾食材

黑芝麻	適量

【作法】 ※內餡配方使用方法：將所有材料切成末狀，與調味料混合均勻即可。

1. 中筋麵粉、鹽混合均勻，加入熱開水拌成雪花片，灑上冷開水 30g，冷卻後揉成麵糰。(揉到不能再揉為止)

2. 麵糰置放於案板，蓋上棉布或塑膠袋醒麵 20 分鐘。

3. 取麵糰揉製成圓柱狀，以不銹鋼刮板切出三條，搓成長條狀下劑子，每顆劑子約 15g，擀成圓片。

4. 圓麵皮包入餡料，對折成半圓形。　5. 邊緣以拇指、食指指腹左右前推，捏出花邊。

6. 於中心位置捏製鳥頭，調整餡料位置，做出胸腹、翅膀厚度。

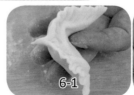

7. 以黑芝麻點綴眼睛。

8. 取生胚放入蒸籠中，以大火蒸 5 分鐘即可。

❀ 梅花餃

【材料】

麵皮

中筋麵粉	300g
熱開水	150g
冷開水	30g
鹽	2g

裝飾食材

南瓜丁	適量

魚翅蝦肉餡

後腿清肉	150g	太白粉	10g
草蝦仁	150g	胡蘿蔔	10g
白表粒	37.5g	芹菜	20g
香菇粒	37.5g	薑茸	20g
白糖	10g	胡椒粉	適量
雞粉	3g	香油	20g
鹽	2g	豬油	適量
味素	3g		

【作法】 ※內餡配方使用方法：將所有材料切成末狀，與調味料混合均勻即可。

1. 中筋麵粉、鹽混合均勻，加入熱開水拌成雪花片，灑上冷開水30g，冷卻後揉成麵糰。（揉到不能再揉為止）

2. 麵糰置放於案板，蓋上棉布或塑膠袋醒麵20分鐘。

3. 取麵糰揉製成圓柱狀，以不銹鋼刮板切出三條，搓成長條狀下劑子，每顆劑子約15g，擀成圓片。

4. 圓麵皮包入餡料，折出五個對等直線。

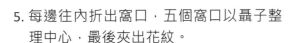

5. 每邊往內折出窩口，五個窩口以聶子整理中心，最後夾出花紋。

6. 分別添入南瓜丁。

7. 取生胚放入蒸籠中，以大火蒸5分鐘即可。

❀ 窗花餃

【材料】

麵皮			裝飾食材			蔬菜野菇餡	
中筋麵粉	300g		南瓜丁	適量		青江菜	350g
熱開水	150g		豆眼	適量		香菇	130g
冷開水	30g		紅甜椒丁	適量		杏鮑菇	200g
鹽	2g		紫薯丁	適量		鴻喜菇	180g
						洋地瓜	112g
						鹽	3.75g
						蠔油	20g
						雞粉	7g
						白糖	15g
						白胡椒	少許
						太白粉	20g
						紅辣椒	2 根
						蒜末	少許

【作法】

※ 內餡配方使用方法：
將所有材料切成末狀，與調味料混合均勻即可。

1. 中筋麵粉、鹽混合均勻，加入熱開水拌成雪花片，灑上冷開水 30g，冷卻後揉成麵糰。(揉到不能再揉為止)

2. 麵糰置放於案板，蓋上棉布或塑膠袋醒麵 20 分鐘。

3. 取麵糰揉製成圓柱狀，以不銹鋼刮板切出三條，搓成長條狀下劑子，每顆劑子約 15g，擀成圓片。

4. 圓麵皮包入餡料，成十字後先捏製四個小窩角，再調整窩口大小。

4-1　　4-2　　4-3　　4-4　　4-5

5. 以拇指、食指指腹捏合邊緣，添入四色餡料。

5-1　　5-2

6. 取生胚放入蒸籠中，以大火蒸 5 分鐘即可。

6

🦋 蜻蜓餃

【材料】

麵皮

中筋麵粉	300g
熱開水	150g
冷開水	30g
鹽	2g

肉餡

小膘五花	250g	香油	3g
醬油	5g	胡椒粉	適量
白糖	20g	淨水	100g
鹽	2g		
雞粉	2g		
三星蔥	8g		
薑	8g		

裝飾食材

黑芝麻	適量

【作法】 ※ 內餡配方使用方法：將所有材料切成末狀，與調味料混合均勻即可。

1. 中筋麵粉、鹽混合均勻，加入熱開水拌成雪花片，灑上冷開水 30g，冷卻後揉成麵糰。(揉到不能再揉為止)
2. 麵糰置放於案板，蓋上棉布或塑膠袋醒麵 20 分鐘。
3. 取麵糰揉製成圓柱狀，以不銹鋼刮板切出三條，搓成長條狀下劑子，每顆劑子約 15g，擀成圓片。

4. 圓麵皮包入餡料，折製出五個邊的蜻蜓形態。

4-1　　4-2

5. 以麵塑工具壓出頭部，花夾夾出翅膀花紋。

5-1　　5-2　　5-3

6. 後方麵皮剪兩刀並扭轉，做出尾部形態，以黑芝麻裝飾眼睛。

6-1　　6-2

7. 取生胚放入蒸籠中，大火蒸 5 分鐘即可。

7

🦢 鳳凰餃

【材料】

麵皮

中筋麵粉	300g
熱開水	150g
冷開水	30g
鹽	2g

鮮蝦仁餡

草蝦仁	550g
白表粒	65g
豬油	20g
鹽	3g
味素	5g
雞粉	5g
白糖	15g
胡椒粉	適量
香油	適量
太白粉	15g

裝飾食材

黑芝麻	適量

【作法】 ※內餡配方使用方法：將所有材料切成末狀，與調味料混合均勻即可。

1. 中筋麵粉、鹽混合均勻，加入熱開水拌成雪花片，灑上冷開水 30g，冷卻後揉成麵糰。
   (揉到不能再揉為止)

2. 麵糰置放於案板，蓋上棉布或塑膠袋醒麵 20 分鐘。

3. 取麵糰揉製成圓柱狀，以不銹鋼刮板切出三條，搓成長條狀下劑子，每顆劑子約
   15g，擀成圓片。

4. 圓麵皮包入餡料，捏
   製出鳳凰型態。

4-1　　4-2　　4-3

5. 以擀麵棍擀長尾部，翅膀麵皮往內收，剪出翅膀、尾部紋路。

5-1　　5-2　　5-3　　5-4　　5-5

6. 尾部中心先切兩刀做出整體形狀，最後
   再描出尾羽。

6-1　　6-2

7. 以麵塑工具加深脖子、翅膀線條，黑芝麻點綴眼睛。

7-1　　7-2　　7-3　　7-4

8. 取生胚放入蒸籠中，大火蒸 6 分鐘即可。

8

🌸 蝴蝶餃

【材料】

麵皮		花枝鮮蝦餡			
中筋麵粉	300g	花枝漿	300g	太白粉	18g
熱開水	150g	韭菜	200g	香油	少許
冷開水	30g	鹽	3.75g	胡椒粉	少許
鹽	2g	雞粉	6g		
		白糖	18g		
		豬油	18g	裝飾食材	
		草蝦仁	540g	黑芝麻	適量
		白表粒	60g		

【作法】 ※內餡配方使用方法：將所有材料切成末狀，與調味料混合均勻即可。

1. 中筋麵粉、鹽混合均勻，加入熱開水拌成雪花片，灑上冷開水 30g，冷卻後揉成麵糰。(揉到不能再揉為止)

2. 麵糰置放於案板，蓋上棉布或塑膠袋醒麵 20 分鐘。

3. 取麵糰揉製成圓柱狀，以不銹鋼刮板切出三條，搓成長條狀下劑子，每顆劑子約 15g，擀成圓片。

4. 圓麵皮包入餡料，捏製出蝴蝶型態。

4-1　　4-2

5. 以麵塑工具壓出頭部，剪兩刀作為觸鬚，花夾夾出翅膀花紋，將上下翅膀往內扭轉。

5-1　　5-2　　5-3　　5-4

6. 以黑芝麻點綴眼睛部位。

6

7. 取生胚放入蒸籠中，大火蒸 6 分鐘即可。

7

🐾 貓耳朵

【材料】

麵皮

中筋麵粉	300g
熱開水	150g
冷開水	30g
鹽	2g

勾芡

太白粉水	少許

輔料

黑木耳	50g
辣椒片	2 條
青椒	30g
黃椒	30g
開洋	少許
三星蔥	2 根
豬肉片	100g

調味料

甜麵醬	25g
胡椒粉	少許
雞粉	2g
白糖	2g
香油	3g
沙拉油	適量
鮮湯	200g

【作法】

1. 中筋麵粉、鹽混合均勻，加入熱開水拌成雪花片，灑上冷開水30g，冷卻後揉成麵糰。（揉到不能再揉為止）

2. 麵糰置放於案板，蓋上棉布或塑膠袋醒麵 20 分鐘。

3. 取麵糰揉製成圓柱狀，以不銹鋼刮板切出三條，搓成長條狀下劑子，每顆劑子約 5g。

4. 以大拇指前推劑子，壓出貓耳朵形狀。

5. 將生胚用開水煮熟，濾乾水分後備用。

6. 起油鍋將肉片先煸炒，加入胡椒粉、雞粉，炒香後加入輔料及調味料調味，放入已燙熟的貓耳朵快速炒製，最後以太白粉水勾芡。

❀ 鴛鴦餃

【材料】

麵皮		裝飾食材		燒賣肉餡	
中筋麵粉	300g	紫薯丁	適量	後腿清肉	150g
熱開水	150g	黃椒丁	適量	草蝦仁	150g
冷開水	30g	豆眼	適量	白表粒	37.5g
鹽	2g			香菇粒	37.5g
				白糖	10g
				雞粉	3g
				鹽	2g
				味素	3g
				太白粉	10g
				胡蘿蔔	10g
				芹菜	20g
				薑茸	20g
				胡椒粉	適量
				香油	適量
				豬油	20g

【作法】

※ 內餡配方使用方法：
將所有材料切成末狀，與調味料混合均勻即可。

1. 中筋麵粉、鹽混合均勻，加入熱開水拌成雪花片，灑上冷開水 30g，冷卻後揉成麵糰。(揉到不能再揉為止)

2. 麵糰置放於案板，蓋上棉布或塑膠袋醒麵 20 分鐘。

3. 取麵糰揉製成圓柱狀，以不銹鋼刮板切出三條，搓成長條狀下劑子，每顆劑子約 15g，擀成圓片。

4. 圓麵皮包入餡料，將兩邊麵皮對折，中心點黏住。

4

5. 將兩端中心點折壓出兩個洞眼，兩端捏實即形成鴛鴦餃。

5-1

5-2

6. 兩端洞眼分別添入雙色餡料，以豆眼點綴。

6-1

6-2

7. 取生胚放入蒸籠中，以大火蒸 5 分鐘即可。

7

雙葉桃餃

【材料】

麵皮

中筋麵粉	300g
熱開水	150g
冷開水	30g
鹽	2g

裝飾食材

紅甜椒丁	適量
豆眼	適量

素蔬食餡

杏鮑菇	300g
黑木耳	75g
沙拉筍	150g
北菇	75g
芥藍菜	300g
素蠔油	40g
白糖	23g
香菇精	12.5g
香油	10g
淨水	50g
胡椒粉	1g
太白粉	適量

【作法】

※ 內餡配方使用方法：
　將所有材料切成末狀，與調味料混合均勻即可。

1. 中筋麵粉、鹽混合均勻，加入熱開水拌成雪花片，灑上冷開水 30g，冷卻後揉成麵糰。(揉到不能再揉為止)

2. 麵糰置放於案板，蓋上棉布或塑膠袋醒麵 20 分鐘。

3. 取麵糰揉製成圓柱狀，以不銹鋼刮板切出三條，搓成長條狀下劑子，每顆劑子約 15g，擀成圓片。

4. 圓麵皮包入餡料，3 分之 1 處折製兩個直線並捏製出葉子形態。

4-1

4-2

4-3

4-4

5. 麵皮開口中心往內收進，折製洞眼，中間捏平，尾部以兩指捏塑收尾，分別填入餡料。

5-1

5-2

6. 取生胚放入蒸籠中，大火蒸 5 分鐘即可。

6

🥟 雙葉對餃

【材料】

麵皮		咖哩雞肉餡			
中筋麵粉	300g	雞腿丁	300g	咖哩粉	20g
熱開水	150g	蘋果丁	150g	鹽	2g
冷開水	30g	洋菇	150g	淡醬油	10g
鹽	2g	洋蔥	75g	白糖	10g
		紅蔥頭	50g	太白粉	適量
		開洋	20g	米酒	適量

【作法】 ※內餡配方使用方法：將所有材料切成末狀，與調味料混合均勻即可。

1. 中筋麵粉、鹽混合均勻，加入熱開水拌成雪花片，灑上冷開水 30g，冷卻後揉成麵糰。(揉到不能再揉為止)

2. 麵糰置放於案板，蓋上棉布或塑膠袋醒麵 20 分鐘。

3. 取麵糰揉製成圓柱狀，以不銹鋼刮板切出三條，搓成長條狀下劑子，每顆劑子約 15g，擀成圓片。

4. 圓麵皮包入餡料，折出十字型線條，施力點約在 2 毫米處，上方不可壓死。

4-1
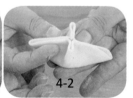
4-2

5. 接縫微微翻出，以花夾壓出葉子紋路。

5-1

5-2

6. 取生胚放入蒸籠中，大火蒸 5 分鐘即可。

6

蘭花餃

【材料】

麵皮

中筋麵粉	300g
熱開水	150g
冷開水	30g
鹽	2g

鹹鮮肉餡

豬絞肉	300g	白糖	18g
蝦仁	150g	低筋麵粉	10g
竹筍	150g	太白粉	10g
香菇	75g	香菜	50g
鹽	3.75g	三星蔥	50g
雞粉	11.25g		

【作法】 ※ 內餡配方使用方法：將所有材料切成末狀，與調味料混合均勻即可。

1. 中筋麵粉、鹽混合均勻，加入熱開水拌成雪花片，灑上冷開水 30g，冷卻後揉成麵糰。（揉到不能再揉為止）

2. 麵糰置放於案板，蓋上棉布或塑膠袋醒麵 20 分鐘。

3. 取麵糰揉製成圓柱狀，以不銹鋼刮板切出三條，搓成長條狀下劑子，每顆劑子約 15g，擀成圓片。

4. 圓麵皮包入餡料，折製四個等邊直線。

5. 每個直線各剪二刀，麵條左右擺放固定。

6. 剪出鋸齒狀，頂端以圓球裝飾。

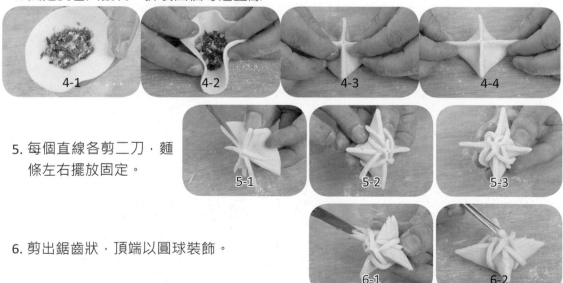

4-1　4-2　4-3　4-4　5-1　5-2　5-3　6-1　6-2

7. 取生胚放入蒸籠中，大火蒸 5 分鐘即可。

7

好書推薦

零基礎炒飯 66 道
聽障主廚陽光超人　著
定價：450 元

道地台灣味
潘宏基、江裕春、林振廉　著
定價：350 元

日日好食
潘明正　著
定價：300 元

手作涼拌菜
吳青華、陳楷曄、陳永成、
藍敏凱、楊裕能、花國袁、
巫清山　著
定價：200 元

職人海鮮的料理撇步
戴德和　著
定價：300 元

快手廚娘的創業秘笈
張麗蓉　著
定價：480 元

中式點心料理 職人手札
陳聖天　著
定價：150 元

五星級廚師教你
在家做養生料理
溫國智　著　定價：320 元

健康月子餐
鄭至耀　著
定價：380 元

Cooking—19

手作中式點心
大師親傳的 80 道招牌點心

作者｜李鴻榮

總編輯｜薛永年

副總編輯｜Serena

美術總監｜馬慧琪

文字編輯｜蔡欣容

美術編輯｜李育如

業務副總｜林啟瑞 0988-558-575

出版者｜優品文化事業有限公司

電話｜(02)8521-2523

傳真｜(02)8521-6206

Email｜8521service@gmail.com

(如有任何疑問請聯絡此信箱洽詢)

印刷｜鴻嘉彩藝印刷股份有限公司

總經銷｜大和書報圖書股份有限公司

地址｜新北市新莊區五工五路 2 號

電話｜(02)8990-2588

傳真｜(02)2299-7900

網路書店｜www.books.com.tw 博客來網路書店

出版日期｜2023 年 8 月

版次｜一版一刷

定價｜380 元

國家圖書館出版品預行編目 (CIP) 資料

手作中式點心 _ 大師親傳的 80 道招牌點心 / 李鴻榮著 .
一版 . -- 新北市 : 優品文化事業有限公司 , 2023.08
176 面 ;19x26 公分 . -- (cooking ; 19)
ISBN 978-986-5481-46-9(平裝)

1.CST: 點心食譜

427.16   112012646